"十二五"职业教育国家规划教材

经全国职业教育教材审定委员会审定

计算机网络实训教程

第二版

王 嫣 主 编

刘兰青 魏 柯 刘 艳 副主编

U0243580

化学工业出版社

·北京·

本书面向计算机网络相关专业，系统地介绍了计算机网络相关概念、网络常用软件介绍、网线的制作方法、虚拟机的使用及网络操作系统的安装、网络常用命令及网络故障检测、基本的组网方法（包括对等网和C/S网络）、数据链路层及网络层的网络协议分析、无线网络的组建、网络管理服务器的配置、网络编程及防火墙配置等十五个实训项目，本书使用模拟实验软件，加入了交换机路由器基本配置的内容，图文并茂，内容通俗易懂，实用性强。

本书可作为高职院校计算机网络相关专业低年级学生的教材，也可作为普通计算机用户进行计算机网络日常维护及常见故障处理的参考书。

图书在版编目（CIP）数据

计算机网络实训教程/王嫣主编. —2 版. —北京：
化学工业出版社，2014.11（2022.9重印）
"十二五"职业教育国家规划教材
ISBN 978-7-122-21929-9

Ⅰ．①计⋯　Ⅱ．①王⋯　Ⅲ．①计算机网络-高等职
业教育-教材　Ⅳ．①TP393

中国版本图书馆 CIP 数据核字（2014）第 225436 号

责任编辑：廉　静　　　　　　　　文字编辑：张燕文
责任校对：边　涛　　　　　　　　装帧设计：孙远博

出版发行：化学工业出版社（北京市东城区青年湖南街 13 号　邮政编码 100011）
印　　装：三河市双峰印刷装订有限公司
787mm×1092mm　1/16　印张 15　字数 366 千字　2022 年 9 月北京第 2 版第 5 次印刷

购书咨询：010-64518888　　　　　　售后服务：010-64518899
网　　址：http://www.cip.com.cn
凡购买本书，如有缺损质量问题，本社销售中心负责调换。

定　　价：32.00 元　　　　　　　　　　　　　　　　版权所有　违者必究

前　言

本书是化学工业出版社《计算机网络实训教程》2012版的第二版。与第一版相比，主要增加了网络常用软件Visio和Packet Tracer的使用，能够让学生更有效快捷地使用这些工具进行网络拓扑图的绘制和模拟；在网线制作中添加了光纤及光纤熔接的内容，帮助学生更好地了解光网络的组建和使用；在虚拟机使用和网络操作系统的安装部分新增了系统盘的制作方法以及用U盘安装操作系统的方法，能够让学生更直接地接触到系统安装与维护的知识；新增了网络组建中资源共享的部分，包括文件和打印机共享；增加了IP编址及子网划分的一些理论和实践；增加了无线网络的组建部分，在无线网络无处不在的今天，让学生能够自组无线网络并使用它是一个最基本的技能；在网络管理部分，主要增加了DHCP和DNS服务器配置部分，另外，将常用网络命令及网络故障检测合成了一章，将WEB和FTP服务器配置合成一章。通过对课程内容的整合，能够更系统地体现"学中做"、"做中学"的动手实践理念。

为落实《国务院关于大力发展职业教育的决定》精神，配合教育部做好示范性高等职业院校建设工作，本书编写人员根据高级应用型人才培养的需要，参照计算机网络技术人员的职业岗位要求，并结合高职高专计算机网络课程的特点，以技能实训为主、理论为辅的编写方式，强调对学生动手能力的培养，全面介绍了在使用计算机网络时应掌握的基本网络操作技能和必要的网络理论基础知识。学生可通过这些网络实训操作，达到掌握计算机网络原理、提高网络应用技术水平的目的。本书采用"行动导向，任务驱动"的方法，以实训引领知识的学习，通过实训的具体操作引出相关的知识点，通过"实训目的"和"实训步骤"，引导学生在"学中做"、"做中学"，把基础知识的学习和基本技能的掌握有机地结合在一起，从具体的操作实践中培养自己的应用能力。

本书可作为高职院校计算机网络课程的实训教材，也可供培训学校使用。本书共十五个实训项目，依次介绍了网络传输介质、网络的搭建、协议分析、基本交换机路由器配置、服务器配置及网络安全等实训项目。

本书配套有学习网站http://www.networkwyan.com，希望同学们可以在网上自主学习，并有配套的PPT供使用者下载。

本书由中州大学王嫣担任主编，郑州轻工职业学院刘兰青及中州大学魏柯、刘艳担任副主编，魏柯、黄继海、张建平参与编写及程序测试工作，在此表示衷心的感谢。本书还得到了国防科技大学徐明教授和平顶山工业职业学院王德永教授的指导，在此表示深深的敬意和感谢。

由于编者水平所限，不妥之处在所难免，恳请广大读者批评指正，欢迎同行和读者提出宝贵意见。

编　者
2014年8月

第一版前言

为落实《国务院关于大力发展职业教育的决定》精神，配合教育部做好示范性高等职业院校建设工作，本书编写人员根据高级应用型人才培养的需要，参照计算机网络技术人员的职业岗位要求，并结合高职高专计算机网络课程的特点，以技能实训为主、理论为辅的编写方式，强调对学生动手能力的培养，全面介绍了在使用计算机网络时应掌握的基本网络操作技能和必要的网络理论基础知识。学生可通过这些网络实训操作，达到掌握计算机网络原理、提高网络应用技术水平的目的。本书采用"行动导向，任务驱动"的方法，以实训引领知识的学习，通过实训的具体操作引出相关的知识点，通过"实训目的"和"实训步骤"，引导学生在"学中做"、"做中学"，把基础知识的学习和基本技能的掌握有机地结合在一起，在具体的操作实践中培养自己的应用能力。本教材可作为高职院校计算机网络课程的实训教材，也可供培训学校使用。本书共十五个实训项目，依次介绍了网络传输介质、网络的搭建、协议分析、基本交换机路由器配置、服务器配置及网络安全等实训项目。

本书由中州大学王嫣担任主编，郑州轻工职业学院刘兰青及中州大学黄继海担任副主编。魏柯、刘艳、李晶参与编写及程序测试工作，在此表示衷心的感谢。

由于编者水平有限，难免有不妥之处，恳请广大读者批评指正。

编　者
2011 年 12 月

目　　录

实训项目一 网络常用软件介绍

【实训目的】

1. 掌握 Packet Tracer 的基本使用方法。
2. 掌握 Visio 的基术使用方法。
3. 掌握 WireShark 的基本使用方法。
4. 掌握 Serv-U 的基本使用方法。

【实训内容】

1. 利用 Packet Tracer 绘制网络拓扑结构图。
2. 利用 Visio 绘制网络拓扑结构图。
3. 利用 WireShark 对网络包进行分析。
4. 利用 Serv-U 配置 FTP 站点。

【实训环境】

网络环境下在安装了 Serv-U 和 WireShark 软件的 PC 机上可进行该实训项目的操作，Visio、Packet Tracer 软件不需要网络环境，在 PC 机上直接安装即可。

【理论基础】

1. Packet Tracer

（1）简介

Packet Tracer 是由思科公司开发的一套协议模拟软件，它可以通过实时模式或者模拟模式来清楚显示网络中使用的不同协议，其中包括了运行在 OSI 模型中的第二层协议（如 PPP 协议）、第三层协议（如 IP、ARP、ICMP）和第四层协议（如 TCP 和 UDP），同时也能跟踪路由协议。它为学习思科网络课程的初学者提供了一个网络模拟环境。用户可以在该软件界面中通过拖拽的方式来建立网络拓扑，并可展示数据包在网络中的处理过程，观察其运行情况。目前 Packet Tracer 最新版本为 Packet Tracer 6.0，以前的 5.5 和 5.3 的版本只能做 NA 的实验，现在 6.0 可以做 NP 的实验，内部对 IOS 也进行了升级。

（2）用户界面

在电脑上安装好 Packet Tracer 6.0 软件，启动该软件，启动界面及主界面分别如图 1-1 及图 1-2 所示。

2. Visio

（1）简介

Visio 系列软件是微软公司开发的高级绘图软件，属于 Office 系列，可以绘制网络拓扑图、组织结构图、机械工程图、流程图等。它功能强大，易于使用，就像 Word 一样。它可以帮助网络工程师创建商业和技术方面的图形，对复杂的概念、过程及系统进行组织和文档备案。Visio 2010 可以通过直接与数据资源同步自动化数据图形，提供最新的图形，还可以自定制来满足特定需求。

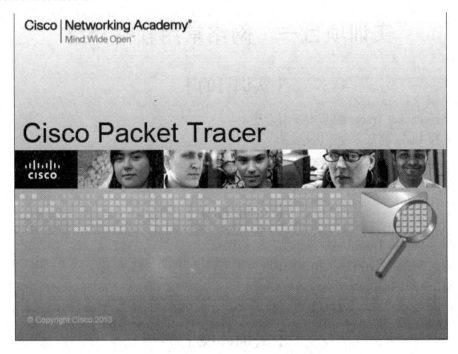

图 1-1　Packet Tracer 6.0 启动界面

图 1-2　Packet Tracer 6.0 主界面

（2）用户界面

在电脑上安装好 Visio 2010 软件，启动该软件，主界面如图 1-3 所示。

图 1-3　Visio 主界面

3. WireShark

（1）简介

WireShark 是网络包分析工具。网络包分析工具的主要作用是尝试捕获网络包，并尝试显示包的尽可能详细的情况。可以把网络包分析工具当成是一种用来测量有什么东西从网线上进出的测量工具，就好像测量电量的电度表一样。过去的此类工具要么过于昂贵，要么属于某人私有。WireShark 出现以后，这种现状得以改变。WireShark 称得上是今天能使用的最好的开源网络分析软件。它主要用于网络管理员检测安全隐患及开发人员用来测试协议执行情况等方面。

（2）用户界面

在电脑上安装好 WireShark 软件，WireShark 的主界面如图 1-4 所示。刚打开的 WireShark 程序各窗口中并无数据显示。WireShark 的窗口主要由五个组成部分。

图 1-4　WireShark 主界面

① 菜单（Menus）：位于窗口的最顶部，采用标准的下拉式菜单。常用菜单命令主要有两个：File 和 Capture。File 菜单主要功能是保存捕获的分组数据、打开一个已被保存的捕获分组数据文件和退出 WireShark 程序等功能。Capture 菜单允许开始捕获分组。

② 捕获分组列表（Listing of Captured Packets）：按行显示已被捕获的分组内容，其中包括 WireShark 赋予的分组序号、捕获时间、分组的源地址和目的地址、协议类型和分组中所包含的协议说明信息等。单击某一列的列名，可以使分组按指定列进行排序。在该列表中，所显示的协议类型是发送或接收分组的最高层协议的类型。

③ 分组头部明细（Details of Selected Packet Header）：显示捕获分组列表窗口中被选中分组的头部详细信息。包括与以太网帧有关的信息和与包含在该分组中的 IP 数据报有关的信息。单击以太网帧或 IP 数据报所在行左边的向右或向下的箭头可以展开或最小化相关信息。另外，如果利用 TCP 或 UDP 承载分组，WireShark 也会显示 TCP 或 UDP 协议头部信息。最后，分组最高层协议的头部字段也会显示在此窗口中。

④ 分组内容窗口（Packet Content）：以 ASCII 码和十六进制两种格式显示被捕获帧的完整内容。

⑤ 显示筛选规则（Display Filter Specification）：在该字段中，可以填写协议的名称或其他信息，根据此内容可以对分组列表窗口中的分组进行过滤。

4. Serv-U

（1）简介

Serv-U 是目前众多的 FTP 服务器软件之一。通过使用 Serv-U，用户能够将任何一台 PC 设置成一个 FTP 服务器，这样，用户或其他使用者就能够使用 FTP 协议，通过在同一网络上的任何一台 PC 与 FTP 服务器连接，进行文件或目录的复制、移动、创建和删除等。这里提到的 FTP 协议是专门被用来规定计算机之间进行文件传输的标准和规则，正是因为有了像 FTP 这样的专门协议，才使得人们能够通过不同类型的计算机，使用不同类型的操作系统，对不同类型的文件进行相互传递。

Serv-U（本文中提到的 Serv-U 的版本为 6.3.0.0）是一个可以运行于 Windows 95/98/2000/XP 和 Windows NT 4.0 下的 FTP 服务器程序，有了它，个人电脑就可以模拟为一个 FTP 服务器。它可以用最简单的方式创建用户账号，并且在硬盘空间上划分一定的区域用以存放文件，让用户以各种 FTP 客户端软件（如 CuteFTP、WS_FTP 等）上传或下载所需要的文件。

（2）用户界面

在电脑上安装好 Serv-U 软件，启动该软件，主界面如图 1-5 所示。

Serv-U 由两大部分组成：引擎和用户界面。Serv-U 引擎（ServUDaemon.exe）其实是一个常驻后台的程序，也是 Serv-U 整个软件的心脏部分，它负责处理来自各种 FTP 客户端软件的 FTP 命令，也是负责执行各种文件传送的软件。在运行 Serv-U 引擎也就是 ServUDaemon.exe 文件后，看不到任何的用户界面，它只是在后台运行，通常无法影响它，但在 ServUAdmin.exe 中可以停止和开始它。Serv-U 引擎可以在任何 Windows 平台下作为一个本地系统服务来运行，系统服务随操作系统的启动而开始运行，然后就可以运行用户界面程序了。在 Win NT/2000 系统中，Serv-U 会自动安装为一个系统服务。Serv-U 用户界面（ServUAdmin.exe）也就是 Serv-U 管理员，它负责与 Serv-U 引擎之间的交互。它可以让用户配置 Serv-U，包括创建域、定义用户、并告诉服务器是否可以访问。启动 Serv-U 管理员最简单的办法就是直接点击系统栏的"U"形图标，当然，也可以从开始菜单中运行它。每个正在运行的 Serv-U 引擎可以被用来运行多个"虚拟"的 FTP 服务器，在管理员程序中，每个"虚拟"的 FTP 服务器都称为"域"。因此，对于服务器来说，建立多个域是非常有用的。每个域都有各自的"用户"、"组"和设置。一般来说，"设置向导"会在第一次运行应用程序时设置好一个最初的域和用户账号。服务器、域和用户之间的关系如图 1-6 所示。

图 1-5 Serv-U 主界面

图 1-6 服务器、域和用户之间的关系

【实训步骤】

1. Packet Tracer 的实训步骤

（1）软件安装

① 直接运行 Packet Tracer 6.0_setup.exe 文件，系统会自动启动安装程序，运行安装向导，完成软件的安装过程。

② 在开始→程序中打开 Cisco Packet Tracer 软件，如图 1-7 所示。

图 1-7　Packet Tracer 6.0 界面

（2）软件的基本使用

① Packet Tracer 6.0 软件窗口简介　Packet Tracer 6.0 软件窗口如图 1-8 所示，主要有工作区域、工具栏区域、设备区域、数据包信息显示区域和运行模式区域。

图 1-8　Packet Tracer 6.0 软件窗口

a. 工作区域　该区域是 Packet Tracer 6.0 软件的核心区域，其他区域都是为它服务的。在工作区域，用户可以按照自己的需要设计各种网络拓扑图，并对其中的任意设备进行配置。

b. 工具栏区域　从上到下分别为选择、移动、给设备贴标签、删除、查看信息、绘制多边形、调整形状。这些功能操作步骤也很简单，先点击要选取的功能，然后再点选工作区域中要实施功能的对象即可。

c. 设备区域　在界面的左下角为设备区域，从左至右，从上到下分别是路由器、交换机、集线器、无线设备、传输介质、终端设备、仿真广域网、自定义设备等。当需要哪个设备时，用鼠标单击该设备，然后在工作区域希望放置的位置再单击鼠标，所需要的设备就放置到工作区了，或者用鼠标直接将该设备拖放到工作区中。

d. 数据包信息显示区域　当用户调试网络时，网络中的数据包就会显示在该区域中。

e. 运行模式区域　该软件提供了两种网络运行模式：Realtime 模式（实时模式）和 Simulation 模式（模拟模式），两种模式可以任意切换。

实时模式与配置实际网络设备一样，每发出一条配置指令，就立即在该设备中执行。

模拟模式是指模拟这条指令的执行过程。

举例来说，假设有两台主机 A 和 B 在同一个网段，现在 A 主机发出一条 Ping B 主机的指令，那么在实时模式下该指令可以瞬间完成，而在模拟模式下，主机 A 的 CMD 中不会立即显示 ICMP 信息，而是会模拟这个过程，此时点击该模式下的 Auto Capture（自动捕获），将会以动画的形式来展示该数据包的发送和接收情况，如图 1-9 所示。

图 1-9　两台计算机直接连接

在模拟模式下单击 Even List 对话框，如图 1-10 所示，还会展示当前捕获到数据包的详细信息，包括持续时间、源设备、目的设备、协议类型和协议详细信息。

图 1-10　Even List 对话框

如果想了解协议的详细信息，可以单击不同颜色的协议类型信息 Info，可以很详细地展示 OSI 模型信息（图 1-11）和各层的 PDU 信息（图 1-12）。

图 1-11　OSI 模型信息

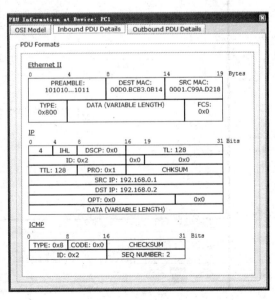

图 1-12　PDU 信息

② 选择和添加网络设备　利用鼠标点选需要添加到工作区域的设备，然后使用拖放的方式将设备添加到工作区中，来构建实验所需的网络拓扑图。

值得注意的是，新添加的路由器端口默认是禁用的（shutdown），需要使用 no shutdown 的操作，该端口才会被激活，后面会举例来说明这个问题。

③ 选择设备之间的传输介质　在图 1-9 左下角的设备区域中，点击传输介质图标"⚡"，可显示设备之间可用的一些传输介质，如图 1-13 所示。

图 1-13　设备连接传输介质

从左到右各传输介质的用途及含义如下。

a．自动选择连接类型。

b．交换机或路由器的配置线缆。

c．双绞线直通线。

d．双绞线交叉线。

e．光纤。

f．电话线。

g．同轴电缆。

h．提供时钟的数据一段。

i．数据终端设备。

j．八爪线缆，大头为异步口，可以连接 NM-8A/16A 或者 SIC-8A/16A 模块。小头为 console 线连接口，直接插在网络产品的 console 口上即可。

当传输介质连接到两个设备时，该传输介质的两端会有一个圆形的图标，该图标的颜色反映该接口工作是否正常。红色表示物理线路有问题，相当于实际设备（交换机或者路由器）相连时该设备的接口指示灯没有亮；橘黄色表示该端口的物理线路已接通，但数据链路还处于非正常工作状态；绿色表示该链路处于正常状态。例如路由器端口默认是 shutdown，该端口状态为红色。当执行 no shutdown 操作时，指示灯变为橘黄色，过一会变为绿色，此时端口才恢复正常工作状态。

④ 删除设备或者传输介质　如果想删除工作区域中的设备或者传输介质，点击右侧的工具栏区域，然后点击删除按钮，然后再单击想要删除的对象即可。

⑤ 实例应用　下面列举两个不同网段的 PC 机借助一台 2811 路由器完成通信的实例，来演示该软件的具体使用。

a．构建实验拓扑图：两台 PC 机和一台 2811 路由器，路由器和 PC 机之间通过交叉线相连。

首先在左下角的设备区域中，拖入两台 PC 机，然后点击路由器图标，中间会列出很多路由器的型号，选择 2811 路由器后拖入到工作区域中，如图 1-14 所示。

图 1-14　两台 PC 机和 2811 路由器

　　b. 单击左下角的传输介质图标，然后选择交叉线的传输介质，此时单击 PC0，选择 FastEthernet0 以太网接口，如图 1-15 所示。

　　c. 然后再点击路由器，选择 FastEthernet0/0 端口，如图 1-16 所示。

图 1-15　PC 机以太网接口的选择

图 1-16　路由器端口选择

　　d. 成功选择后，如图 1-17 所示。

　　e. 同理，继续选择交叉线，然后单击另一台 PC 机，仍然选择 FastEthernet 以太网接口，然后再连接路由器的 FastEthernet0/1 端口，最终如图 1-18 所示。

　　f. 此时可以看到两条双绞线交叉线的两端都是红色的，说明线路还没有连通，此时单击左侧 PC 机，然后切换到 Desktop 选项卡，点击 IP Configuration 选项，如图 1-19 所示。

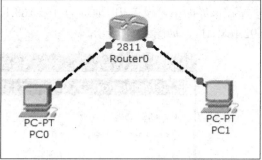

图 1-17　PC0 和路由器连接　　　　　　　图 1-18　PC0、PC1 和路由器连接

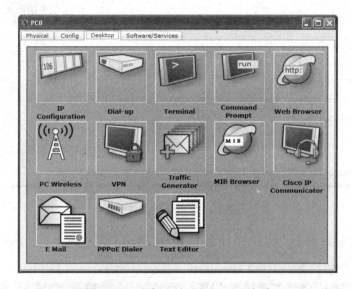

图 1-19　PC 机 IP Configuration 选项

g. 点击后出现如图 1-20 的界面。

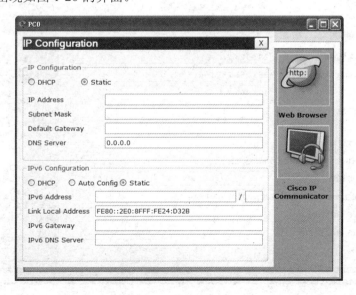

图 1-20　PC 机 IP 设置界面

在该界面中，设置 IP 地址为 192.168.1.2，子网掩码为 255.255.255.0，默认网站设置为 192.168.1.1 ，如图 1-21 所示。

图 1-21 PC0 的 IP 地址设置

h. 同理，设置右侧 PC 机 IP 地址为 192.168.2.2，子网掩码为 255.255.255.0，配置网关为 192.168.2.1，如图 1-22 所示。

图 1-22 PC1 的 IP 地址设置

i. 设置路由器 2811，在路由器上面双击，切换到命令行选项卡，如图 1-23 所示。

图 1-23　路由器 2811 命令行界面

j. 在该命令行下，输入"n"回车后，再次回车进入路由器配置。然后在"Router>"输入"en"进入特权模式，在特权模式下输入"configure terminal"命令之后进入全局配置模式，然后回车，如果对命令不熟，可以利用 Tap 键进行命令自动补全，例如输入"configure　t"后，该软件会自动感知出"configure terminal"，如图 1-24 所示。

图 1-24　路由器进入全局配置模式

k. 进入全局模式之后，输入"int f0/0"进入路由器的 0/0 端口，输入"no shut"命令启用 0/0 端口，然后给 0/0 端口设置一个 IP 地址，输入命令为"ip address 192.168.1.1 255.255.255.0"，设置好之后回车，如图 1-25 所示。

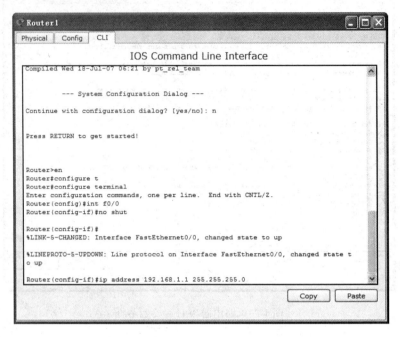

图 1-25　路由器端口 0/0 端口 IP 的配置

l. 在设置好路由器 0/0 端口的 IP 地址之后，使用 exit 命令退回到上一级，然后再次使用 "int f0/1"命令进行到 0/1 端口，输入"no shut"启用该端口，然后再添加一个 IP 地址"ip address 192.168.2.1 255.255.255.0"，如图 1-26 所示。

图 1-26　路由器端口 0/1 端口 IP 的配置

m. 关闭配置窗口，回到模拟器主界面中，可以看到 PC 与路由器之间的连线两端的灯已经变成了绿色，说明所有链路已经连通，如图 1-27 所示。

图 1-27　路由器和 PC 机之间链路连通

n. 测试两台 PC 机的连通性，双击左侧 PC 机，切换到 Desktop 选项卡下，选择 Command Prompt 命令提示符，如图 1-28 所示。

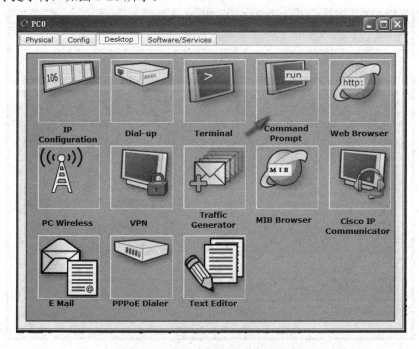

图 1-28　PC 机 Desktop 选项卡界面

o. 在弹出命令提示符窗口界面,使用 Ping 命令来 Ping 另外一台 PC 机的地址 192.168.2.2,进行两台 PC 机之间连通性的测试,回车后如图 1-29 所示。

图 1-29　PC0 Ping PC1 的结果

p. 经测试知道 PC0 到 PC1 之间的链路是通的,同理,再打开 PC1 的命令提示符窗口界面,利用 Ping 命令来 Ping 另外一台 PC 机的地址 192.168.1.2,回车后如图 1-30 所示。

图 1-30　PC1 Ping PC0 的结果

q．经测试可知 PC1 到 PC0 之间的链路也是通的，这样就完成不同网段的主机通过路由器成功实现通信的实验。

2．Visio 的实训步骤

下面是绘制网络拓扑结构的基本步骤。

步骤 1：运行 Visio 2010 软件，在打开的如图 1-31 所示窗口中间"选择模板"列表中选择"网络"选项，然后在右边窗口中选择一个对应的选项，本实训以选择"详细网络图"选项为例。按图 1-32 所示的方式选择详细网路图；然后，通过双击"详细网路图"图标进入"详细网络图"拓扑结构绘制界面，如图 1-33 所示。

图 1-31 Visio 主界面

图 1-32 选择详细网络图

图 1-33 "详细网络图"拓扑结构绘制界面

步骤 2：在左边图元列表中选择"网络和外设"选项，在其中的图元列表中选择"交换机"项（因为交换机通常是网络的中心，首先确定好交换机的位置），按住鼠标左键把交换机图元拖到右边窗口中的相应位置，然后松开鼠标左键，得到一个交换机图元，如图 1-34 所示。可以在按住鼠标左键的同时拖动四周的绿色方格来调整图元大小，在按住鼠标左键的同时旋转图元顶部的绿色小圆圈，以改变图元的摆放方向，把鼠标放在图元上，然后在出现四个方向箭头时按住鼠标左键调整图元的位置。图 1-35 所示是调整后的一个交换机图元。通过双击图元可以查看它的放大图。

图 1-34 图元拖放到绘制平台后的图示

图 1-35　调整交换机图元大小、方向和位置后的图示

步骤 3：要为交换机标注型号可单击工具栏中的按钮，在图元下方显示一个小的文本框，此时可以输入交换机型号或其他标注，如图 1-36 所示，输入完后在空白处单击鼠标即可完成输入，图元又恢复原来调整后的大小。标注文本的字体、字号和格式等都可以通过工具栏来调整。如果要使调整适用于所有标注，则可如图 1-37 所示在图元上单击鼠标右键，在弹出的快捷菜单中选择"字体"菜单项，打开如图 1-38 所示对话框，在此可以进行详细的配置。标注的输入文本框位置也可通过按住鼠标左键移动。

图 1-36　给图元输入标注

图 1-37　选择"字体"菜单项

图 1-38　标注文本的通用设置对话框

　　步骤 4：以同样的方法添加一台服务器，并把它与交换机连接起来。服务器的添加方法与交换机一样，在此只介绍交换机与服务器的连接方法。只需使用工具栏中的"连接线"工具进行连接即可。在选择了该工具后，单击要连接的两个图元之一，此时会有一个红色的方框，移动鼠标选择相应的位置，当出现紫色星状点时按住鼠标左键，把连接线拖到另一图元，注意此时如果出现一个大的红方框则表示不宜选择此连接点，只有当出现小的红色星状点即可松开鼠标，连接成功，图 1-39 所示就是交换机与一台服务器的连接。

图 1-39　图元之间的连接示例

在更改图元大小、方向和位置时，一定在工具栏中选择"选取"工具，否则不会出现图元大小、方向和位置的方点和圆点，无法调整。要整体移动多个图元的位置，使用"自动对齐和自动调整间距"按钮可对形状进行对齐和间距调整。可同时调整图表中的所有形状，或通过选择指定要对其进行调整的形状。要删除连接线，只需先选取相应连接线，然后再按Delete 键即可。

步骤 5：把其他网络设备图元——添加并与网络中的相应设备图元连接起来，当然这些设备图元可能会在左边窗口中的不同类别选项窗格下面。如果已显示的类别中没有包括，则可通过单击工具栏中的按钮，打开一个类别选择列表，从中可以添加其他类别显示在左边窗口中。图 1-40 是一个通过 Visio 2010 绘制的简单网络拓扑结构示意图。

图 1-40　用 Visio 2010 绘制的简单网络拓扑结构示意图

3．Wireshark 的实训步骤

使用 Wireshark 时最常见的问题是当使用默认设置时会得到大量冗余信息，以至于很难找到自己需要的部分，所以在使用前最好设置 Wireshark 的过滤规则。

（1）设置 Wireshark 的过滤规则

在用 Wireshark 截获数据包之前，应该为其设置相应的过滤规则，可以只捕获感兴趣的数据包。Wireshark 使用与 Tcpdump 相似的过滤规则，并且可以很方便地存储已经设置好的过滤规则。要为 Wireshark 配置过滤规则，首先单击"Capture"选项，然后选择"Capture Filters..."菜单项，打开"Wireshark：Capture Filter"对话框。因为此时还没有添加任何过滤规则，所以该对话框右侧的列表框是空的。在 Wireshark 中添加过滤器时，需要为该过滤器指定名字及规则。

例如，要在主机 192.168.0.100 和 192.168.0.200 间创建过滤器，可以在"Filter name"编辑框内输入过滤器名字"hjh"，在"Filter string"编辑框内输入过滤规则"host 192.168.0.100 and 192.168.0.200"，然后单击"New"按钮即可（图 1-41）。

图 1-41　添加过滤器

在 Wireshark 中使用的过滤规则和 Tcpdump 几乎完全一致，这是因为两者都基于 pcap 库的缘故。Wireshark 能够同时维护很多个过滤器。网络管理员可以根据实际需要选用不同的过滤器，这在很多情况下是非常有用的。例如，一个过滤器可能用于截获两个主机间的数据包，而另一个则可能用于截获 ICMP 包来诊断网络故障。单击"Save"按钮，回到对话框。单击"Close"按钮完成设置。

（2）指定过滤器

要将过滤器应用于嗅探过程，需要在截获数据包之前或之后指定过滤器。要为嗅探过程指定过滤器，并开始截获数据包，可以单击"Capture"选项，选择"Start..."选项，打开"interface"对话框，单击该对话框中的"Filter:"按钮，然后选择要使用的网络接口，如图 1-42 所示。在"Capture Options"对话框中，如果"Update list of packets in real time"复选框被选中了，那么可以使每个数据包在被截获时就实时显示出来，而不是在嗅探过程结束之后才显示所有

截获的数据包。

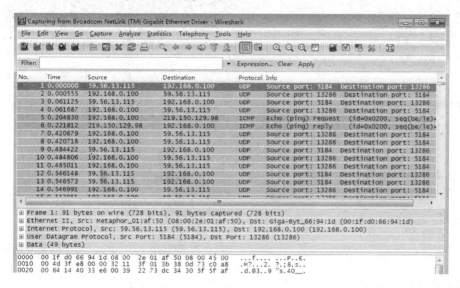

图 1-42　指定网络接口

在选择了所需要的过滤器后，单击"OK"按钮，整个嗅探过程就开始了。Wireshark 可以实时显示截获的数据包，因此能够帮助网络管理员及时了解网络的运行状况，从而使其对网络性能和流量能有一个比较准确的把握（图 1-43）。

图 1-43　实时显示截获的数据包

（3）用 Wireshark 分析互联网数据包

下面看看 Wireshark 对于互联网数据的分析。Wireshark 和其他的图形化嗅探器使用基本类似的界面，整个窗口被分成三个部分：最上面为数据包列表，用来显示截获的每个数据包的总结性信息；中间为协议树，用来显示选定的数据包所属的协议信息；最下边是以十六进制形式表示的数据包内容，用来显示数据包在物理层上传输时的最终形式。使用 Wireshark 可以很方便地对截获的数据包进行分析，包括该数据包的源地址、目的地址、所属协议等。图 1-44 所示是在 Wireshark 中对一个 HTTP 数据包进行分析时的情形，在最上边的数据包列表中，显示了被截获的数据包的基本信息。

图 1-44 中间是协议树，通过协议树可以得到被截获的数据包的更多信息，如主机的 MAC地址（Ethernet II）、IP 地址（Internet Protocol）、TCP 端口号（Transmission Control Protocol），以及 HTTP 协议的具体内容（Hypertext Transfer Protocol）。通过扩展协议树中的相应节点，可以得到该数据包中携带的更详尽的信息。图 1-44 最下边是以十六进制显示的数据包的具体

内容，这是被截获的数据包在物理层上传输时的最终形式，当在协议树中选中某行时，与其对应的十六进制代码同样会被选中，这样就可以很方便地对各种协议的数据包进行分析。要获取更加详细的信息可以点击该封包选择"Follow TCP Stream"，如图 1-45 所示。信息表明该数据包中含有一个 HTTP 的 GET 命令，访问的网站是www.zhzhu.edu.cn。客户端使用 IE 8.0 浏览器，操纵系统为 Windows。

图 1-44　用 Wireshark 分析互联网数据包内容

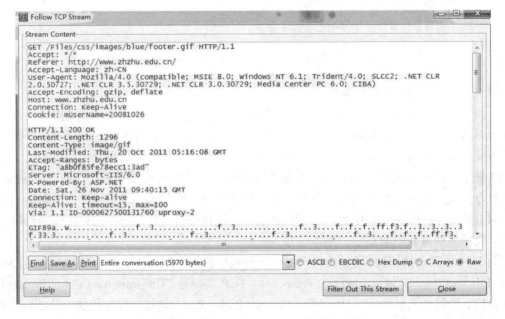

图 1-45　使用 Follow TCP Stream 查看详细信息

4．Serv-U 的实训步骤

（1）安装

以 Serv-U FTP Server 6.3 为例，执行其中的"ServU6300.exe"，即可开始安装；全部选默认选项即可。安装完成后不需重新启动，直接在"开始→程序→Serv-U FTP Server"中就能看到相关文件，如图 1-46 所示。

（2）创建一个本地 FTP 服务器

创建一个本地 FTP 服务器主要完成该服务器内的域以及域内用户的创建这两部分内容。

① 创建域

步骤 1：选择主界面（图 1-47）中"域"（Domain）项，然后单击鼠标右键菜单中的"新建域"（New Domains）菜单，打开如图 1-48 所示的"添加新建域-第一步"窗口。在这里可以设置 IP 地址，如果自己有服务器，有固定的 IP，这个窗口主要设置 IP 地址，如果只是在自己电脑上建立 FTP，而且又是拨号用户，有的只是动态 IP，没有固定 IP，这一步就可省略了，什么也不要填，Serv-U 会自动确定 IP 地址。

图 1-46　Serv-U 程序组

图 1-47　Serv-U 主界面

图 1-48　"添加新建域-第一步"窗口

步骤 2：单击图 1-48 中"下一步"按钮，打开如图 1-49 所示的"添加新建域-第二步"窗口。在这里要输入自己的域名（如果有），如"ftp.abc.com"。如果没有，就随便填一个。

图 1-49 "添加新建域-第二步"窗口

步骤 3：单击图 1-49 中"下一步"按钮，打开如图 1-50 所示的"添加新建域-第三步"窗口。在这里可以设置该域的端口号，端口号的取值范围在 1～65535 之间，FTP 服务器的默认端口号是 21。

图 1-50 "添加新建域-第三步"窗口

步骤 4：单击图 1-50 中"下一步"按钮，打开如图 1-51 所示的"添加新建域-第四步"窗口。域配置信息有两种存储方式（Domain type）：一种是存放在 Store in .ini 文件中，另一种是存放在计算机注册表中（Store in computer registry）。对于小于 500 个用户的小型站点来说，建议将配置信息放在 Store in .ini 文件中，超过这个用户数目可以考虑使用注册表类型的域。

图 1-51 "添加新建域-第四步"窗口

步骤 5：单击图 1-51 中"下一步"按钮，主界面会显示如图 1-52 所示的窗口。至此，该服务器一个名为ftp.abc.com的域创建成功。下面就可以给该域添加用户了。

图 1-52　域创建成功后的 Serv-U 主界面

② 创建用户

步骤 1：选择"ftp.abc.com" 域下"用户"项（图 1-53），然后单击鼠标右键，选择菜单项"新建用户"，打开如图 1-54 所示的"添加新建用户-第一步"窗口。在该窗口的文本框中输入要创建的用户名称。

图 1-53　Serv-U 主界面

图 1-54　添加新建用户-第一步

步骤 2：单击图 1-54 中"下一步"按钮，打开如图 1-55 所示的"添加新建用户-第二步"窗口。在该窗口文本框中可以设置所创建用户的密码。

图 1-55　添加新建用户-第二步

步骤 3：单击图 1-55 中"下一步"按钮，打开如图 1-56 所示的"添加新建用户-第三步"窗口。在该窗口文本框中可以设置所创建用户登录该 FTP 服务器后首先进入的目录（即该用户的主目录）。

图 1-56　添加新建用户-第三步

步骤 4：单击图 1-56 中"下一步"按钮，打开如图 1-57 所示的"添加新建用户-第四步"

窗口。在该窗口文本框中可以设置所创建用户锁定于主目录。单击"完成"按钮后创建用户结束。

图 1-57　添加新建用户-第四步

打开 IE 浏览器，输入"ftp://192.168.0.200"，就能够访问创建的站点了。

【实训总结】

本次实训主要学习 Packet Tracer 和 Wireshark 软件的使用。能够使用 Packet Tracer、Visio 软件进行网络拓扑结构图的绘制，能够使用 Serv-U 软件配置 FTP 站点，能够使用 Wireshark 软件进行网络数据包的分析。

【思考题】

1．参观学校的网络工程实验室，并将实验室的拓扑结构用 Visio 软件绘制出来。
2．在自己的主机上运行 Wireshark，然后登录自己的邮箱，查看自己的用户 ID 和密码是如何传送到邮件服务器的。

实训项目二 网线的制作方法

【实训目的】

1. 了解标准 568A 与 568B 网线的线序。
2. 掌握直通双绞线、交叉双绞线的制作方法。
3. 掌握剥线/压线钳和普通网线测试仪的使用方法。
4. 掌握双绞线网线连通性的测试方法。
5. 掌握光纤工具的使用方法和用途。
6. 熟悉光纤耦合器的使用方法。
7. 掌握光纤熔接器的使用步骤和注意事项。

【实训内容】

1. 熟悉网络机房环境。
2. 直通双绞线的制作。
3. 交叉双绞线的制作。
4. 测试网线的连通性。
5. 光纤切割技术（选作）。
6. 光纤熔接技术（选作）。

【实训环境】

1. 超五类双绞线若干米。
2. 水晶头若干个。
3. 剥线/压线钳一把。
4. 普通网线测试仪一个。
5. 光缆、锯、酒精、卫生棉、光纤熔接机、切刀。

【理论基础】

本实验主要内容是为用 RJ-45 接口的网络设备连接制作双绞线。随网络设备不同，可能用到直通线或交叉线，故上述两种连接方式的线均要掌握制作和测试方法。

1. 双绞线简介

双绞线（Twisted Pair）是由两条相互绝缘的导线按照一定的规格互相缠绕（一般以顺时针缠绕）在一起而制成的一种通用配线，属于信息通信网络传输介质。双绞线过去主要是用来传输模拟信号的，但现在同样适用于数字信号的传输。双绞线采用了一对互相绝缘的金属导线互相绞合的方式来抵御一部分外界电磁波干扰，更主要的是降低自身信号的对外干扰。把两根绝缘的铜导线按一定密度互相绞在一起，可以降低信号干扰的程度，每一根导线在传输中辐射的电磁波会被另一根导线上发出的电磁波抵消。"双绞线"的名字也是由此而来。

双绞线一般由两根 22～26 号绝缘铜导线相互缠绕而成，实际使用时，双绞线是由多对双绞线一起包在一个绝缘电缆套管里的，如图 2-1 所示。典型的双绞线有四对的，也有更多对双绞线放在一个电缆套管里的，称为双绞线电缆。在双绞线电缆（也称双扭线电缆）内，不同线对具有不同的扭绞长度，一般地说，扭绞长度在 38.1mm～14cm 内，按逆时针方向扭绞。相邻线对的扭绞长度在 12.7mm 以上，一般扭绞得越密其抗干扰能力就越强。与其他传输介质相比，双绞线在传输距离、信道宽度和数据传输速度等方面均受到一定限制，但价格较为低廉。

2．双绞线的分类

双绞线一般分为屏蔽与非屏蔽两种，通常使用非屏蔽双绞线。

屏蔽双绞线电缆的外层由铝箔包裹，有较小辐射。屏蔽双绞线价格相对较高，安装时要比非屏蔽双绞线电缆困难，一般不常用。

双绞线又可分为以下七类线，其中常见的双绞线有三类线、五类线、超五类线、六类线和七类线，前者线径细而后者线径粗。

一类线：可转送语音，不用于传输数据，常见于早期电话线路、电信系统，如图 2-2 所示。

图 2-1　双绞线　　　　　　　　　　图 2-2　一类双绞线

二类线：传输频率为 1MHz，可传输语音和最高传输速率为 4Mbps 的数据，常用于 4Mbps 规范令牌传递协议的旧的令牌网，如图 2-3 所示。

三类线：指目前在 ANSI 和 EIA/TIA568 标准中指定的电缆，该电缆的传输频率为 16MHz，用于语音传输及最高传输速率为 10Mbps 的数据传输，主要用于 10BASE-T，制作质量严格的三类线，也可用于 100BASE-T 计算机网络，如图 2-4 所示。

图 2-3　二类双绞线　　　　图 2-4　TCL 三类 100 对非屏蔽双绞电缆

四类线：传输频率为20MHz，用于语音传输和最高传输速率为16Mbps的数据传输，主要用于基于令牌的局域网和10BASE-T或100BASE-T计算机网络，如图2-5所示。

五类线：增加了绕线密度，外套一种高质量的绝缘材料，传输频率为100MHz，用于10BASE-T或100BASE-T计算机网络，制作质量严格的五类线，也可用于1000BASE-T计算机网络，如图2-6所示。

图2-5　四类双绞线　　　　　　　　　　图2-6　五类25对双绞线

超五类线：具有衰减小、串扰少等性能，并且具有更高的衰减与串扰的比值（ACR）和信噪比（Structural Return Loss），以及具有更小的延误差，性能得到很大提高，超五类线主要用于千兆位以太网（1000Mbps），是最常用的以太网电缆，如图2-7所示。

六类线：该类电缆的传输频率为1～250MHz，六类布线系统在200MHz时综合衰减串扰比（PS-ACR）应该有较大的余量，它提供两倍于超五类的带宽。六类布线的传输性能远远高于超五类标准，最适用于传输速率高于1Gbps的应用。六类线与超五类线的一个重要的不同点在于改善了在串扰以及回波损耗方面的性能，对于新一代全双工的高速网络应用而言，优良的回波损耗性能是极重要的。六类标准中取消了基本链路模型，布线标准采用星形的拓扑结构，要求的布线距离为：永久链路的长度不能超过90m，信道长度不能超过100m六类非屏蔽双绞线。如图2-8所示。

图2-7　超五类F/UTP屏蔽电缆　　　　　　图2-8　六类非屏蔽双绞线

七类线：带宽为600MHz，可能用于今后的10Gbps以太网，如图2-9所示。

通常，计算机网络所使用的是三类线和五类线，其中10 BASE-T使用的是三类线，100BASE-T使用的是五类线。

3．RJ-45连接器和双绞线线序

（1）RJ-45连接器

图2-9　七类双绞线

目前很多网络设备、设施均提供双绞线连接所用的RJ-45接口，它一共有8个连接弹簧片，大多数场合只用到编号为1、2、3和6的簧片。与RJ-45接口相搭配的是 RJ-45 接头，因其外壳材料大多为透明塑料，故称为水晶头。水晶头是一种只能沿固定方向插入并自动防止脱落的塑料接头，如图 2-10 所示。RJ-45 连接器前端有 8 个凹槽，简称 8P（Position，位置）。凹槽内的金属接点共有 8 个，简称 8C（Contact，触点），所以 RJ-45 又被称为 8P8C。双绞线的两端必须都安装这种 RJ-45 接头，以便插在网卡、集线器或交换机的 RJ-45 接口上，进行网络通信。

（2）双绞线制作标准

目前在 10BASE-T、100BASE-T 以及 1000BASE-T 网络中，最常使用的布线标准有两个，即 T568A 和 T568B，其线序如下。T568A：1 白绿、2 绿、3 白橙、4 蓝、5 白蓝、6 橙、7 白棕、8 棕。T568B：1 白橙、2 橙、3 白绿、4 蓝、5 白蓝、6 绿、7 白棕、8 棕。若双绞线两端都是按 T568B 制作，则为直通线，它一般用于 PC 到交换机或 HUB 连接；如果双绞线两端采用不同的连接标准（如一端用

图 2-10　RJ-45 连接器

T568A，另一端用 T568B），则称这根双绞线为交叉线，能用于同种类型设备连接，如计算机与计算机的直联、集线器与集线器的级联。需要注意的是，有些集线器（或交换机）本身带有"级联端口"，当用某一集线器的"普通端口"与另一集线器的"级联端口"相连时，因"级联端口"内部已经做了"跳接"处理，所以这时只能用直通双绞线来完成其连接。

在网络工程中，为进行网线的管理和维护，要用书签线在同一根双绞线两端做相同的标记。

直通线和交叉线的线序如图 2-11 所示。

图 2-11　直通线和交叉线的线序

4. 压线钳

压线钳是制作网线的工具，可以完成剪线、剥线和压线三个步骤。压线钳目前市面上有好几种类型，而实际的功能以及操作都是大同小异的，一般都提供三种不同的功能。

5. 测试工具

可以选用三种工具：万用表、电缆扫描仪或简易电缆测试仪。其中万用表只能测试电缆一股线两端是否通，操作非常不便；电缆扫描仪除了可以测试连通性外，还可以测试其他传输参数，价格非常昂贵，一般用于工程验收；而简易电缆测试仪可以用 8 个 LED 来显示双绞线各股线连接情况，操作很方便，价格也较便宜，是很实用的双绞线测试工具。

电缆测试仪用来对同轴电缆的 BNC 接口网线以及 RJ-45 接口网线进行测试,判断制作的网线是否有问题。电缆测试仪分为信号发射器和信号接收器两部分，各有 8 盏信号灯，如图 2-12 所示。测试时，需要打开电源，再将双绞线两端分别插入信号发射器和信号接收器。

图 2-12　电缆测试仪

6. 光纤熔接技术

光纤传输具有传输频带宽、通信容量大、损耗低、不受电磁干扰、光缆直径小、重量轻、原材料来源丰富等优点，因而正成为新的传输媒介。光在光纤中传输时会产生损耗，这种损耗主要是由光纤自身的传输损耗和光纤接头处的熔接损耗组成。光缆一经定购，其光纤自身的传输损耗也基本确定，而光纤接头处的熔接损耗则与光纤的本身及现场施工有关。努力降低光纤接头处的熔接损耗，可增大光纤中继放大传输距离和提高光纤链路的衰减裕量。

（1）影响光纤熔接损耗的主要因素

影响光纤熔接损耗的因素较多，大体可分为光纤本征因素和非本征因素两类。

① 本征因素　是指光纤自身因素，主要有四点。

a．光纤模场直径不一致。

b．两根光纤芯径失配。

c．纤芯截面不圆。

d．纤芯与包层同轴度不佳。

其中光纤模场直径不一致影响最大，按 CCITT(国际电报电话咨询委员会)建议，单模光纤的容限标准如下：模场直径（9~10μm）±10%，即容限约±1μm；包层直径（125±3）μm；模场同心度误差≤6%，包层不圆度≤2%。

② 非本征因素

a．轴心错位：单模光纤纤芯很细，两根对接光纤轴心错位会影响接续损耗。当错位 1.2μm 时，接续损耗达 0.5dB。

b．轴心倾斜：当光纤断面倾斜 1° 时，约产生 0.6dB 的接续损耗，如果要求接续损耗≤0.1dB，则单模光纤的倾角应≤0.3°。

c．端面分离：活动连接器的连接不好，很容易产生端面分离，造成连接损耗较大；当熔接机放电电压较低时，也容易产生端面分离，此情况一般在有拉力测试功能的熔接机中可以发现。

d．端面质量：光纤端面的平整度差时也会产生损耗，甚至气泡。

e. 接续点附近光纤物理变形：光缆在架设过程中的拉伸变形，接续盒中夹固光缆压力太大等，都会对接续损耗有影响，甚至熔接几次都不能改善。

（2）其他因素的影响

接续人员操作水平、操作步骤、盘纤工艺水平、熔接机中电极清洁程度、熔接参数设置、工作环境清洁程度等均会影响到熔接损耗的值。

【实训步骤】

1. 直通线的制作

步骤 1：剥线。

利用压线钳的剪线刀口将线头剪齐，再将双绞线伸入剥线刀口，线头抵住挡板，然后握紧压线钳并慢慢旋转双绞线，让刀口切开外层保护胶皮 20mm 左右，取出双绞线，将胶皮剥去，如图 2-13 所示。

步骤 2：理线。

双绞线由 8 根有色导线两两绞合而成，根据需要，按照 568B 标准整理线序，如图 2-14 所示。整理完毕后，用剪线刀口将前端剪整齐，并且使裸露部分保持在 12mm 左右（稍长于 RJ-45 接头长度），如图 2-15 所示。

图 2-13　剥线

图 2-14　理线

图 2-15　剪平线头的末端

步骤3：插线。

一只手捏住水晶头，使水晶头有弹片的一侧向下，另一只手捏住双绞线，使双绞线平整，稍用力将排好序的线插入水晶头的线槽中，8 根导线顶端应插入线槽顶端，且外皮也同时在水晶头内，如图2-16 所示。

步骤4：压线。

确认所有导线插入到位后，将水晶头放入压线钳夹槽中，用力捏压线钳，使 RJ-45 接头中的金属压入到双绞线中，如图2-17 所示。

把线放入RJ-45接头中

图 2-16 插线

压头槽

按正确方向插入压线钳

图 2-17 压线

步骤5：测线。

两端水晶头压好后，用电缆测试仪检测双绞线的连通性。检测时将两端水晶头分别插入测试仪的两个接口之后，打开测试仪可以看到测试仪上的两组指示灯都在闪动。若测试的线缆为直通线缆，在测试仪上的 8 个指示灯应该依次为绿色闪过，证明了网线制作成功，可以顺利地完成数据的发送与接收。若测试的线缆为交叉线缆，其中一侧同样是依次由1～8 闪动绿灯，而另外一侧则会根据 3、6、1、4、5、2、7、8 这样的顺序闪动绿灯。若出现任何一个灯为红（蟹）灯或黄灯，都证明存在断路或者接触不良现象，此时最好先对两端水晶头再用压线钳压一次，再测，如果故障依旧，再检查一下两端芯线的排列顺序是否一样，如果不一样，剪掉一端重新按另一端芯线排列顺序制作水晶头。如果芯线顺序一样，但测试仪在重做后仍显示红色灯或黄色灯，则表明其中肯定存在对应芯线接触不好，此时必须先剪掉一端按另一端芯线顺序重做一个水晶头，再测，如果故障消失，则不必重做另一端水晶头，否则需把原来的另一端水晶头也剪掉重做，直到测试全为绿色指示灯闪过为止。

步骤6：标记线头。

测试通过后，为确定安装时工作站与 HUB 端口关系，需用书签纸把同一编号写好，然后贴到双绞线两端做标记。

2．交叉线的制作

制作和测试方法与直通线基本相同。剪去直通线的一端，重新制作该端，在排线时要注意按 T568A 标准。测试时要注意 LED 灯的关系为 1-3、2-6、3-1、4-4、5-5、6-2、7-7、8-8。

3．网线制作需要注意的问题

① 在双绞线压接处不能拧、撕，防止断线；使用 RJ-45 压线钳连接时，要压实，不能有松动。

② 剥线时千万不能把芯线剪破或剪断，否则会造成芯线之间短路或不通，或者会造成相互干扰，通信质量下降。

③ 双绞线颜色与 RJ-45 水晶头接线标准是否相符，应仔细检查，以免出错。

④ 插线一定要插到底，否则芯线与探针接触会较差或不能接触。

⑤ 在排线过程中，左手一定要紧握已排好的芯线，否则芯线会移位，造成白线之间不能分辨，出现芯线错位现象。

⑥ 双绞线外皮是否已插入水晶头后端，并被水晶头后端夹住，这直接关系到所做线头的质量，否则在使用过程中会造成芯线松动。

⑦ 压线时一定要均匀缓慢用力，并且要用力压到底，使探针完全刺破双绞线芯线，否则会造成探针与芯线接触不良。

⑧ 双绞线两端水晶头接线标准应做到相同设备相异、相异设备相同的原则，如不明确，应查对相关资料。

⑨ 测试时要仔细观察测试仪两端指示灯的对应是否正确，如不正确，表明双绞线两端排列顺序有错，不能以为灯能亮就可以。

4．光纤熔接

① 光纤熔接需用到的工具如图 2-18 所示。

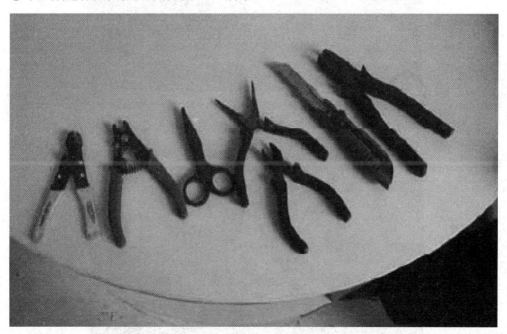

图 2-18　光纤熔接所需工具

② 先将光纤穿过光纤熔接盒如图 2-19 所示。

③ 剥去光纤外皮，如图 2-20 所示。

④ 用优质纸巾蘸酒精清洁每一小根光纤，如图 2-21 所示。

图 2-19 光纤穿过光纤熔接盒

图 2-20 剥去光纤外皮

图 2-21 清洁光纤

⑤ 套光纤热缩套管，如图 2-22 所示。

图 2-22 套光纤套管

⑥ 用光纤切割器切割光纤（切割长度要适中），如图 2-23 所示。

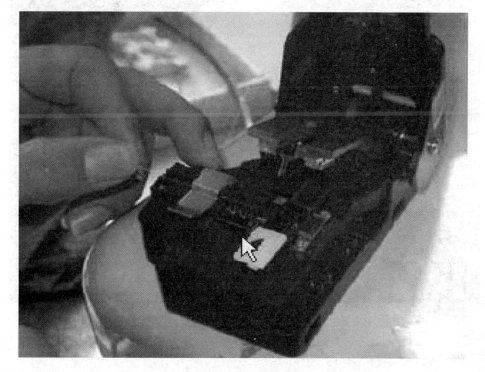

图 2-23 切割光纤

⑦ 将切割好的光纤跳线放到光纤熔接机的另一侧（两光纤尽量对齐），如图 2-24 所示。

图 2-24　切割好的光纤放入光纤熔接器

⑧ 按 SET 键开始熔接光纤，如图 2-25 所示。

图 2-25　进行光纤熔接

⑨ 光纤 X、Y 轴自动调节，如图 2-26 所示。

图 2-26　光纤自动调节

⑩ 用光纤热缩套管完全套住剥掉绝缘层部分（剥光纤时要控制好长度），如图 2-27 所示。

图 2-27　套管套住刚熔接好的光纤

⑪ 将套好热缩套管的光纤放到加热器中，如图 2-28 所示。

图 2-28 套好热缩套管的光纤放到加热器中

⑫ 按 HEAT 键加热，如图 2-29 所示。

图 2-29 加热

⑬ 取出已加热好的光纤固定好，并将光纤接头接入光纤耦合器，如图 2-30 所示。

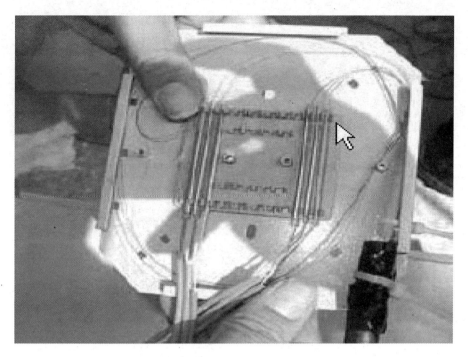

图 2-30　熔接好的光纤固定并接入光纤耦合器

⑭ 取出已加热好的光纤，固定光纤熔接盒，如图 2-31 所示。

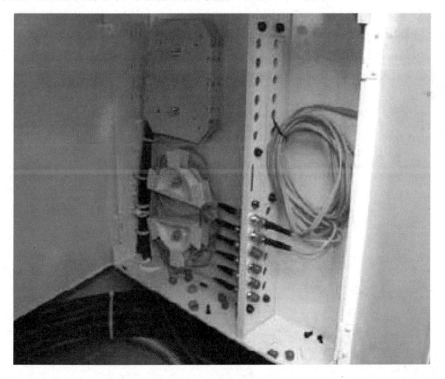

图 2-31　固定光纤熔接盒

⑮ 取出已加热好的光纤跳线的另一头（方口）接交换机光纤模块，如图 2-32 所示。

图 2-32　光纤跳线的另一头（方口）接交换机光纤模块

【实训总结】

通过实验掌握直通双绞线和交叉双绞线的制作方法；会使用剥线/压线钳剥线和压线，会使用网线测试仪进行双绞线网线连通性的测试；掌握光纤熔接的过程。

实训项目三 虚拟机的使用及网络操作系统的安装

【实训目的】

1. 掌握虚拟机软件 VMware 的安装方法。
2. 掌握虚拟机软件 VMware 的使用方法。
3. 学会 Windows Server 2003 的安装。
4. 掌握虚拟机的基本功能。
5. 掌握系统盘的制作方法。
6. 学会用 U 盘安装操作系统。

【实训内容】

1. 虚拟机软件 VMware 的安装。
2. 虚拟机软件 VMware 的使用。
3. Windows Server 2003 系统的安装。
4. 系统盘的制作方法。
5. 用 U 盘安装操作系统。

【实训环境】

1. 安装完系统的 PC 机一台（最低配置为 Pentirm IV、200MB 内存、8G 硬盘、10/100M 自适应网卡）。
2. VMWare 安装软件。
3. Windows Server 2003 安装光盘或 ISO 文件。
4. Wndows XP 的 GHO 镜像文件、制作 USB 启动盘的工具（U 盘启动大师）以及一个 U 盘。

【理论基础】

1. 虚拟机 VM（Virtual Machine）

虚拟机指通过软件模拟的具有完整硬件系统功能的、运行在一个完全隔离环境中的完整计算机系统。

通过虚拟机软件，可以在一台物理计算机上模拟出一台或多台虚拟的计算机，这些虚拟机完全就像真正的计算机那样进行工作，例如可以安装操作系统、安装应用程序、访问网络资源等。对使用者而言，它只是运行在物理计算机上的一个应用程序，但是对于在虚拟机中运行的应用程序而言，它就是一台真正的计算机。因此，当在虚拟机中进行软件评测时，可能系统一样会崩溃，但是，崩溃的只是虚拟机上的操作系统，而不是物理计算机上的操作系统，并且，使用虚拟机的"Undo"（恢复）功能，可以马上恢复虚拟机到安装软件之前的状态。

目前流行的虚拟机软件有VMware(VMWare ACE)、Virtual Box和Virtual PC，它们都能在Windows 系统上虚拟出多个计算机。

2．虚拟机软件 VMware

VMware 是 VMware 公司出品的一个多系统安装软件。利用它，可以在一台电脑上将硬盘和内存的一部分拿出来虚拟出若干台机器，每台机器可以运行单独的操作系统而互不干扰，这些"新"机器各自拥有自己独立的 CMOS、硬盘和操作系统，可以像使用普通机器一样对它们进行分区、格式化、安装系统和应用软件等操作，所有的这些操作都是一个虚拟的过程，不会对真实的主机造成影响，还可以将这几个操作系统连成一个网络。

VMware 的特点如下。

① 同时在同一台 PC 上运行多个操作系统，每个 OS 都有自己独立的一个虚拟机，就如同网络上一个独立的 PC。

② 在 Windows NT/2000 上同时运行两个 VM，相互之间可以进行对话，也可以在全屏方式下进行虚拟机之间的对话，不过此时另一个虚拟机在后台运行。

③ VM 上安装同一种操作系统的另一发行版，不需要重新对硬盘进行分区。

④ 虚拟机之间共享文件、应用、网络资源等。

⑤ 可以运行 C/S 方式的应用程序，也可以在同一台计算机上，使用另一台虚拟机的所有资源。

在 VMware 的窗口上，模拟了多个按键，分别代表打开虚拟机电源、关闭虚拟机电源、Reset 键等。这些按键的功能就如同真正的按键一样。

VMware 可以在一台机器上同时运行两个或更多 Windows、Dos、Linux 系统。与多启动系统相比，VMware 采用了完全不同的概念。多启动系统在一个时刻只能运行一个系统，在系统切换时需要重新启动机器。VMware 是真正"同时"运行，多个操作系统在主系统的平台上，就像标准 Windows 应用程序那样切换，而且每个操作系统都可以进行虚拟的分区、配置而不影响真实硬盘的数据，甚至可以通过网卡将几台虚拟机连接为一个局域网，极其方便。安装在 VMware 上比直接安装在硬盘上的系统性能低不少，因此比较适合学习和测试。可以在同一台 PC 机上同时运行 Windows NT、Linux、Windows 9x、FreeBSD 等，可以在使用 Linux 的同时，即时转到 Win 9x 中运行 Word。如果要使用 Linux，只要轻轻一点，又回到 Linux 之中，就如同有两台计算机在同时工作。

3．网络操作系统（NOS）

（1）网络操作系统简介

网络操作系统是使网络中的各种资源有机地连接起来，提供网络资源共享、网络通信功能和网络服务功能的操作系统，是为网络用户提供所需的各种服务软件和有关规程的集合。它是网络的心脏和灵魂。其主要目标是使用户能够在网络上的各个计算机站点去方便、高效地享用和管理网络上的各种资源。

（2）网络操作系统的特征

开放性：指系统遵循国际标准规范，凡遵循国际标准所开发的硬件和软件，都能彼此兼容、方便地实现互连。

一致性：指网络向用户、低层向高层提供一个一致性的服务接口。

透明性：指某实际存在实体的不可见性，也就是对使用者来说，该实体看起来是不存在的。

（3）网络操作系统的功能

网络通信、共享资源管理、网络管理、网络服务、互操作、提供网络接口等。

（4）网络操作系统的分类

Windows NT / Server 2000 / Server 2003、Netware、Unix、Linux。

4．Windows Server 2003

Windows Server 2003 是微软的服务器操作系统。最初称为"Windows .NET Server"，后改成"Windows .NET Server 2003"，最终被改成"Windows Server 2003"，于 2003 年 3 月 28 日发布，并在同年 4 月底上市。Windows Server 2003 界面已全面换上 Windows XP 的外套。在相同硬件配置下，启动速度和程序运行速度比 Windows Server 2000 要快许多，在低档硬件配置下和运行像 Photoshop 这样的大型软件时表现得更明显。Windows Server 2003 有自己独有的设备管理模式，内置了大多数主流硬件的驱动程序。Windows Server 2003 具有高性能特点，改进并增强了远程控制功能，增加了原来通过 Netmeeting 才能实现的"远程桌面连接"，使系统管理员对网络的控制和管理大大加强。Windows Server 2003 堵完了已发现的所有 NT 漏洞，而且还重新设计了安全子系统，增加了新的安全认证，改进了安全算法，具有高安全性。

5．安装 Windows Server 2003 的硬件要求

处理器：建议主频大于或等于 550MHz（支持的最低主频为 133MHz），一个或多个处理器。每台计算机最多支持 8 个处理器。建议使用 Intel Pentium/Celeron 系列、AMDK6/A/Duron 系列或兼容处理器。

内存：≥256MB RAM（最小支持 128MB，最大支持 32GB）。

硬盘：可用空间约 2GB。

光驱：若用光驱安装，则需 CD-ROM 或 DVD 驱动器支持。

【实训步骤】

1．虚拟机软件 VMware Workstation 的安装

① 双击安装程序后来到 VMware Workstation 安装向导界面，如图 3-1 所示。

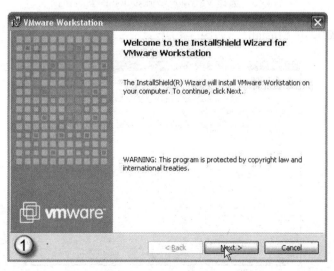

图 3-1　VMware Workstation 安装向导界面

② 选中"Yes,I accept the terms in the license agreement", 如图 3-2 所示。

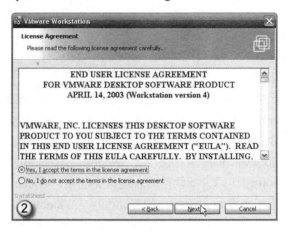

图 3-2　选择接受许可协议

③ 选择将 VMware Workstation 安装在默认的路径下,如图 3-3 所示。

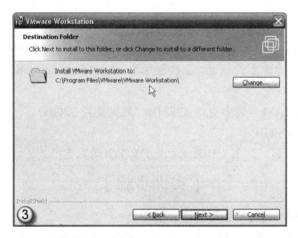

图 3-3　选择 VMware Workstation 的安装路径

④ 确定无误后单击"Install", 如图 3-4 所示。

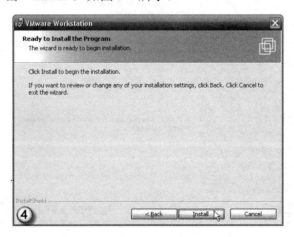

图 3-4　开始安装

⑤ 安装进行中,如图 3-5 所示。

图 3-5　安装进行中

⑥ 如果主机操作系统开启了光驱自动运行功能,安装向导弹出提示框提示光驱的自动运行功能将影响虚拟机的使用,询问是否要关闭此项功能,选择"是"关闭主机的此项功能,如图 3-6 所示。

图 3-6　关闭光驱自动运行功能

⑦ 继续安装(图 3-7)。

图 3-7　继续安装

⑧ 在安装虚拟网卡驱动时，系统会弹出提示，告知正在安装的软件没有通过微软的徽标测试，不必理睬，选择"仍然继续"。

安装完毕时向导弹出提示，询问是否对以前安装过的旧版本的 VMware Workstation 进行搜索，如果第一次安装 VMware Workstation 请选择"No"，如图 3-8 所示。

图 3-8 不搜索旧版本

⑨ 完成安装（图 3-9）。

图 3-9 完成安装

⑩ 重启计算机（图 3-10）。

图 3-10 重启计算机

2. 创建虚拟机

① 打开虚拟机软件，打开"文件"菜单，单击"新建"子命令，创建新的虚拟机，如图 3-11 所示。

图 3-11　创建新的虚拟机

② 出现"新建虚拟机向导"窗口，单击"下一步"按钮，如图 3-12 所示。

图 3-12　新建虚拟机向导

③ 选择"自定义"方便后面配置虚拟机内存，如果内存够大（512M 以上），这里选择"Typical"，如图 3-13 所示。说明一下，这些配置在安装好虚拟机后还是可以更改的。

④ 选择需要安装的"客户操作系统"，Windows Server 2003 Enterprise Edition。这只是一个选择，不影响在虚拟机上安装什么样的操作系统，但最好和所安装的操作系统保持一致，如图 3-14 所示。

图 3-13 虚拟机配置选择 "Typical"

图 3-14 选择客户机的操作系统

⑤ 输入虚拟机名（打开虚拟机时的一个标签）和存放虚拟机文件的文件夹的路径，如图 3-15 所示。

图 3-15 虚拟机的文件名及存放虚拟机的路径

⑥ 添加网络类型。

网桥：允许连接虚拟机到由主机使用的局域网（LAN）。它连接虚拟机中的虚拟以太网交换机到主机中的物理以太网适配器。

NAT：网络地址翻译（NAT）设备允许连接虚拟机到一个外部网络，在该网络中用户只拥有一个 IP 网络地址并且它已经被主机使用。例如，可以使用 NAT 通过主机上的一个拨号网络连接或者通过主机的以太网适配器、无线以太网适配器或者令牌环卡连接虚拟机到 Internet。

仅为主机适配器是一个虚拟以太网适配器，它在主机操作系统中显示为 VMware Virtual Ethernet Adapter。它允许在主机和该主机上的虚拟机之间进行通信。创建仅为主机适配器的软件在安装 VMware Workstation 并且选择让仅为主机网络对于虚拟机可用时被安装。当使用仅为主机网络创建一台新的虚拟机时，一个仅为主机适配器被自动创建。可以在需要额外的仅为主机适配器的自定义配置中安装使用它们。

这里选择第一个"使用桥接网络"，因为这种连接方式最简单，如图 3-16 所示。

图 3-16　设置网络连接方式

⑦ 指定虚拟磁盘容量：建议不要勾选复选框，这样创建的虚拟磁盘将会如图中描述的那样大小随着对虚拟磁盘安装操作系统和应用软件的多少而增加。大小可以保持默认的 4GB，这对安装常用的操作系统和应用软件来说已经足够了，如图 3-17 所示。

图 3-17　设置虚拟机硬盘大小

⑧ 单击"完成"，新的虚拟机就建立完毕，如图 3-18 所示。

图 3-18　完成虚拟机的创建

3.使用 Windows Server 2003 的 ISO 镜像文件或光盘安装系统

这里选择使用 ISO 镜像文件安装系统。

① 在图 3-18 中，双击"CD-ROM"，打开图 3-19 所示的对话框。

② 选择"Use ISO image"选项，然后单击"Browse"浏览按钮，选择 Windows Server 2003 的 ISO 镜像文件，如图 3-20 所示，单击"OK"按钮，完成操作。

图 3-19　CD-ROM 对话框　　　　　　图 3-20　选择 ISO 镜像文件

③ 单击"Start this virtual machine" 按钮，如图 3-21 所示，启动虚拟机。

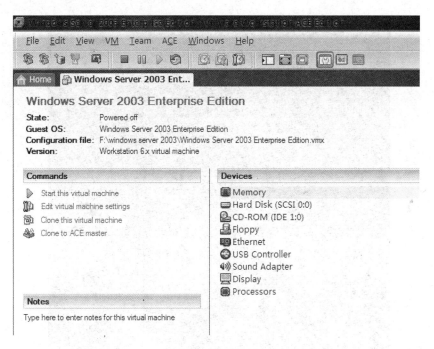

图 3-21 启动虚拟机

④ 虚拟机进入安装欢迎界面，如图 3-22 所示。选择什么样的方式安装，看图片下面的一条，"Enter"现在安装，"R"修复，"F3"退出。这里需要现在安装,所以回车。

图 3-22 欢迎界面

⑤ 是否接受授权协议，如果不同意，按"Esc"，那么安装将退出，不能再继续，所以选择同意"F8"，如图 3-23 所示。

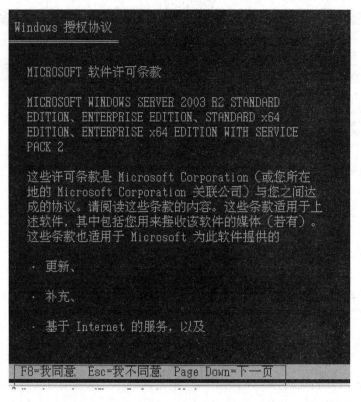

图 3-23 授权协议界面

⑥ 划分分区，如图 3-24 所示。根据选项提示，按"C"创建磁盘分区，进入图 3-25 所示界面。

图 3-24 划分分区

图 3-25 设置分区大小

这里一般要把一个硬盘分成几个分区，由提示"要创建新磁盘分区，请在下面输入大小，然后按 Enter"，这里的磁盘只有 8G，把它分成两个盘，每个盘 4G，所以，输入 4000，然后回车，回到图 3-26 所示界面。

⑦ 用同样的方法创建第二个分区，结果如图 3-27 所示。

⑧ 选中 C 盘进行安装，如图 3-28 所示。

图 3-26　划分分区

图 3-27　划分两个分区

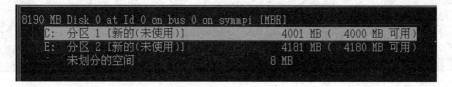

图 3-28　选择 C 盘

⑨ 格式化分区，一般用 NTFS 格式，如图 3-29 所示。

⑩ 按 "Enter"，如图 3-30 所示。

图 3-29　格式化 C 盘　　　　　　　　　　　图 3-30　格式化

⑪　进入图形安装界面，如图 3-31 所示。

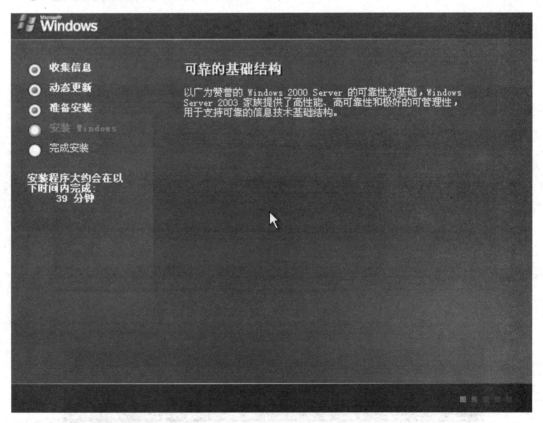

图 3-31　安装 Windows Server 2003

⑫　选择区域和语言，如图 3-32 所示。

⑬　填写姓名、单位信息，如图 3-33 所示。单击"下一步"。

图 3-32　区域和语言选项

图 3-33　填写单位及姓名

⑭ 输入产品密钥，如图 3-34 所示。单击"下一步"。

图 3-34　输入产品密钥

⑮ 选择授权模式，如图 3-35 所示。选择缺省的"每服务器。同时连接数（V）"。

图 3-35　选择授权模式

⑯ 填写计算机名和管理员密码，这里也可以使用默认，如图 3-36 所示。

⑰ 如果没有输入密码，会有个提示框，选择"是"就可以了，如图 3-37 所示。

⑱ 选择时区，使用默认，如图 3-38 所示。

图 3-36　计算机名称和管理员密码

图 3-37　Windows 安装程序提示框

图 3-38　选择时区

⑲ 网络设置，选择典型设置，如图 3-39 所示。

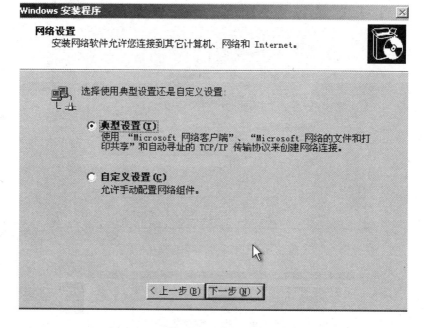

图 3-39　网络设置

⑳ 工作组或计算机域也选择默认，将计算机加入工作组，如图 3-40 所示。

图 3-40　工作组或计算机域的选择

㉑ Windows 安装程序开始自动安装，如图 3-41 所示。安装完成后，系统会自动重启。

㉒ 重启后，按"Ctrl+Alt+Delete"组合键，如图 3-42 所示，然后"确定"，进入系统。

图 3-41　Windows 自动安装

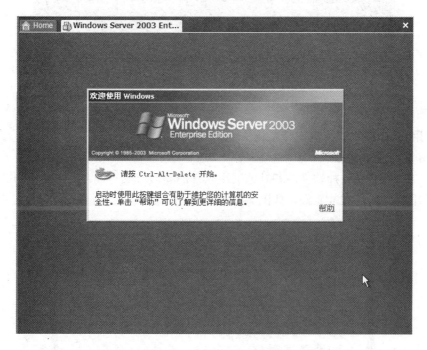

图 3-42　欢迎使用 Windows

㉓ 关闭 Windows 程序更新界面和服务器配置界面，进入 Windows Server 2003 的桌面，如图 3-43 所示。至此，系统安装已经完成，大概需要花费 40 分钟的时间。

使用原始系统盘或它的镜像文件安装系统，历时较长，并且装好的仅仅是操作系统，各种驱动和应用软件都没有安装，需要用户逐一安装，比较麻烦。

Ghost 是著名的硬盘复制备份工具，可以将一个硬盘中的数据完全相同地复制到另外一个硬盘中，Ghost 被称为克隆工具。若把一个软件安装完整且没有病毒的计算机的系统进行 Ghost 备份，就生成了它的 Ghost 镜像文件，可以快速地安装其他机器。而现在大多数计算机有 USB 接口但没有光驱，所以使用 U 盘安装系统也受到很多人的青睐。下面介绍使用 U 盘安装系统。

图 3-43　Windows Sever 2003 桌面

4．使用 USB 系统安装盘安装系统

（1）制作 U 盘启动盘

① 安装 U 盘启动大师软件，和其他应用软件的安装方法一样，这里就不再介绍。

② 打开 U 盘启动大师软件，如图 3-44 所示。

图 3-44　U 盘启动大师

③ 插入 U 盘（先备份 U 盘的数据，一会儿要格式化 U 盘了）。选择自己的 U 盘（H 盘），用 USB-HDD+方式写入 U 盘(移动硬盘)。然后单击"开始制作 U 盘启动盘"按钮，如图 3-45 所示。

图 3-45　选择 U 盘及模式

④ 弹出是否继续本操作的对话框，单击"确定"，如图 3-46 所示，开始格式化 U 盘。图 3-47 显示启动盘制作完成。拔出 U 盘。

图 3-46　格式化 U 盘

图 3-47　制作完成

现在 U 盘已经是一个启动盘了，但是没有系统安装文件。Ghost 镜像文件可以从互联网上下载，也可找台安装有 Ghost 的电脑自己制作。使用 Ghost 安装系统的主机通常是个人 PC，所以，选择从互联网上下载 Ghost 镜像文件——XP 纯净版.GHO。再次插入，并将 Ghost 镜像文件拷贝到 U 盘，则 U 盘就成为启动盘和系统盘了。在虚拟机上使用 U 盘来装系统。

（2）使用 U 盘安装系统

① 虚拟机的创建过程和刚才一样，不再演示。这里创建的是 XP 虚拟机，如图 3-48 所示。

② 进入虚拟机的 BIOS，设置从 U 盘启动。可以在虚拟机启动过程中，按 F2 或 Del 键进入 BIOS，但是虚拟机启动过程太快，来不及操作。这里通过修改虚拟机文件，使虚拟机

在启动时强制进入 BIOS。找到存放虚拟机的文件夹，使用记事本打开扩展名为.vmx 的文件，如图 3-49 所示。在文件末尾添加一行命令，bios.forceSetupOnce ＝ ＂TRUE＂。保存文件。

图 3-48　XP 虚拟机

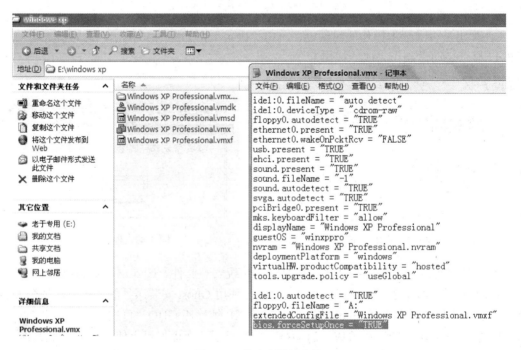

图 3-49　修改虚拟机文件

③ 插入 U 盘，回到图 3-48 所示界面，单击"Edit virtual machine settings"按钮，打开虚拟机的编辑对话框，如图 3-50 所示，添加 U 盘系统盘。

图 3-50 编辑虚拟机

④ 单击"Add"按钮,添加硬件,如图 3-51 所示,选择硬盘"Hard Disk",然后单击"Next"。

图 3-51 添加硬件

⑤ 选择硬盘对话框,选择第三个选项,选择一个物理硬盘,就是 U 盘,设置如图 3-52 所示。

图 3-52　选择硬盘类型

⑥ 选择物埋驱动"Physical Driver 1",如图 3-53 所示,这个是 U 盘。如果出不来 U 盘,就拔掉 U 盘,关闭虚拟机的界面。重新先插入 U 盘,再打开虚拟机界面进行设置就可以了。单击"Next"。

图 3-53　选择 U 盘

⑦ 如图 3-54 所示,单击"Finish",完成 U 盘的定义。

图 3-54 完成 U 盘的定义

⑧ 图 3-55 显示了添加磁盘的信息。可以看到添加的新磁盘容量是 3.76GB。如果这里显示的容量和使用者的 U 盘不符，就说明在图 3-53 中设备选择错误了。单击 "OK" 完成 U 盘的添加。

图 3-55 磁盘信息

⑨ 启动虚拟机，进入 BIOS 设置界面，如图 3-56 所示。使用方向键选择 Boot 菜单。然后选择 Hard Drive 后，按 Enter 键，展开子选项。将 "VMware Virtual SCSI Hard Drive（0：0）"也就是 U 盘，通过 "+" 键移动到最前面，设置系统从 U 盘启动，按 F10 保存退出。

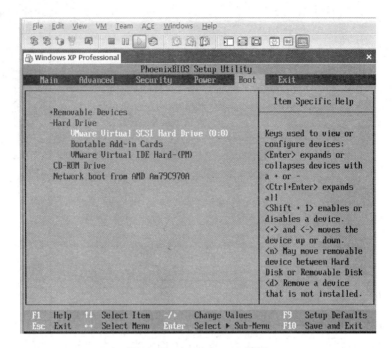

图 3-56 虚拟机 BIOS 设置

⑩ 如图 3-57 所示，选择 "Yes"，保存配置。

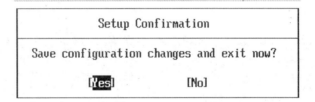

图 3-57 保存配置

⑪ 选择第二个选项，如图 3-58 所示。进入 WinPE 桌面。

图 3-58 选择 WinPE 精简版

⑫ 双击 WinPE 桌面上的 Diskgenius2010 分区工具，如图 3-59 所示。

图 3-59　WinPE 桌面

⑬ 打开图 3-60 所示界面，在图中左侧窗口中显示有两块硬盘，分别是 HD0 和 HD1。HD0 是虚拟机的 8GB 硬盘，没有分区。HD1 是 U 盘系统盘。所以，选择 HD0，然后单击"新建分区"进行分区。

图 3-60　建立分区

⑭ 建立新分区。可以选择分区类型、文件系统、分区大小。这里采用默认的选项，并

且将 8GB 硬盘空间只划分了一个分区，单击"确定"按钮，如图 3-61 所示。

图 3-61　建立新分区

⑮ 单击"保存更改"保存分区表的更改信息，如图 3-62 所示。在弹出的信息提示对话框中单击"是"。

图 3-62　保存分区表

⑯ 格式化分区，如图 3-63 所示。单击"是"进行格式化。然后关闭图 3-60，回到桌面。

⑰ 双击桌面上的"安装 U 盘中的 GHO 系统"图标，打开图 3-64 所示的对话框。选择"还原分区"选项，选择镜像文件路径，选择被还原的分区 E 盘，即虚拟机的磁盘分区，从磁盘分区大小也可以判断出来。然后单击"确定"。

图 3-63 格式化对话框

图 3-64 还原分区

⑱ 如图 3-65 和图 3-66 所示，检测镜像文件是否完整，按图中提示选择即可。

图 3-65 进行完整性检查　　　　　　　　　图 3-66 文件完整

⑲ 在图 3-67 中，单击"是"，开始还原系统。

⑳ Ghost 还原系统如图 3-68 所示。

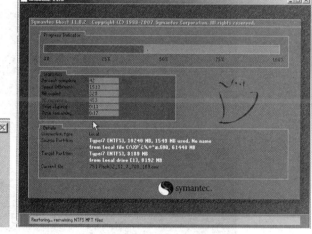

图 3-67 还原系统提示　　　　　　　　　图 3-68 Ghost 还原系统

㉑ 还原数据完成后，会提示重启系统，如图 3-69 所示，选择"是"，重新启动系统。

㉒ 在启动菜单项中，本次选择最后一个选项，"从硬盘启动计算机"，如图 3-70 所示。

㉓ 系统初始化、安装组件及应用软件，这些都是自动进行的，不用人工参与，如图 3-71 所示。

图 3-69　重启系统提示

图 3-70　启动菜单

图 3-71　系统初始化

㉔ 初始化完成后会再次重新启动系统，仍然选择从硬盘启动。本次进入的是完整的系统，如图 3-72 所示。

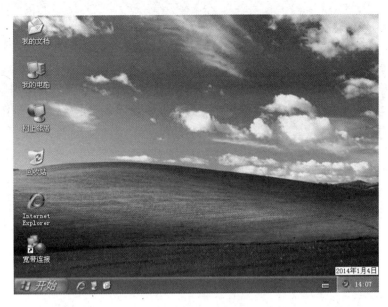

图 3-72　Windows XP

至此，用 U 盘安装操作系统完毕。使用 Ghost 镜像文件安装系统仅需要几分钟时间就能完成，非常快捷。

㉕ 系统安装完成后，关闭虚拟机系统，在编辑虚拟机设置对话框中，删除 U 盘，如图 3-73 所示。选中 U 盘，单击"Remove"按钮，然后选择"OK"，否则下次不能正常启动虚拟机。

图 3-73　删除 U 盘

因为虚拟机软件不容易识别 U 盘，所以需要先添加 U 盘再使用。如果使用 U 盘系统盘安装真实 PC，就不用添加和删除的过程了，当然，真实 PC 的 BIOS 启动顺序还是要修改为从 U 盘启动的。

【实训总结】

通过实验掌握 VMware 虚拟机的安装和使用方法，掌握在 VMware 中安装虚拟系统 Windows Server 2003 的操作方法；通过操作学会设置和管理虚拟系统，学会制作 U 盘启动盘，并用 U 盘安装操作系统。

实训项目四　网络常用命令及网络故障检测

【实训目的】

1. 对计算机网络故障有全面的了解。
2. 能够分析在物理层、数据链路层、网络层、高层出现的网络故障原因并及时排除。
3. 掌握常用网络命令的使用。

【实训内容】

1. 分析物理层、数据链路层、网络层、高层出现的网络故障原因并及时排除。
2. 使用网络命令 ping、ipconfig、netstat、tracert、arp 与 net view 查找并排除网络故障。

【实训环境】

PC 机三台，交换机一台，路由器两台，线缆若干，实训拓扑图如图 4-1 所示。

图 4-1　实训拓扑图

说明：PC0 和 PC1 通过交换机 Switch0 连接在同一局域网中，通过路由器 Router0 的 f0/0 接入广域网；PC2 通过网线连接路由器 Router1 的 f0/0 接口；Router0 和 Router1 的 s2/0 接口通过串口线连接。

地址配置如下。

路由器 Router0 的 IP 地址：s2/0:10.10.10.1/24；f0/0:192.168.1.254/24。

路由器 Router1 的 IP 地址：s2/0:10.10.10.2/24；f0/0:192.168.2.254/24。

主机 PC0 的 IP 地址：192.168.1.1/24；网关：192.168.1.254。

主机 PC1 的 IP 地址：192.168.1.2/24；网关：192.168.1.254。

主机 PC2 的 IP 地址：192.168.2.1/24；网关：192.168.2.254。

【理论基础】

1．分层功能及其故障关注点

物理层主要关注：电缆、连接头、信号电平、编码时钟和组帧。

数据链路层主要关注：端口状态，协议为 up,则为链路层工作正常，同时和利用率也有关系。

网络层主要关注：地址和子网掩码是否正确，路由协议配置是否正确，排除时沿着源到目的地的路径查看路由表。同时检查接口的 IP 地址。

高层主要关注：网络终端的高层协议，以及终端设备软、硬件运行是否良好。

2．网络故障诊断步骤

第一步，首先确定故障的具体现象，分析造成这种故障现象的原因类型。例如，主机不响应客户请求服务，可能的故障原因是主机配置问题、接口卡故障或路由器配置命令丢失等。

第二步，收集需要的用于帮助隔离可能故障原因的信息。从网络管理系统、协议分析跟踪、路由器诊断命令的输出报告或软件说明书中收集有用的信息。

第三步，根据收集到的情况考虑可能的故障原因，排除某些故障原因。例如，根据某些资料可以排除硬件故障，把注意力放在软件原因上。

第四步，根据最后的可能故障原因，建立一个诊断计划。开始仅用一个最可能的故障原因进行诊断活动，这样可以容易恢复到故障的原始状态。如果一次同时考虑多个故障原因，试图返回故障原始状态就困难多了。

第五步，执行诊断计划，认真做好每一步测试和观察，每改变一个参数都要确认其结果。分析结果确定问题是否解决，如果没有解决，继续下去，直到故障现象消失。

3．网络故障检测命令

（1）ping 命令

ping 是测试网络连接状况以及信息包发送和接收状况非常有用的工具，是网络测试最常用的命令。ping 向目标主机(地址)发送一个回送请求数据包，要求目标主机收到请求后给予答复，从而判断网络的响应时间和本机是否与目标主机(地址)连通。如果执行 ping 不成功，则可以预测故障出现在以下几个方面：网线故障，网络适配器配置不正确，IP 地址不正确。如果执行 ping 成功而网络仍无法使用，那么问题很可能出在网络系统的软件配置方面，ping 成功只能保证本机与目标主机间存在一条连通的物理路径。

命令格式：

ping [-t] [-a] [-n count] [-l length] [-f] [-i ttl] [-v tos] [-r count] [-s count] [[-j computer-list] | [-k computer-list]] [-w timeout] destination-list

参数说明：

-t 指定计算机直到中断。

-a 将地址解析为计算机名。

-n count 发送 count 指定的 ECHO 数据包数。默认值为 4 。

-l length 发送包含由 length 指定数据量的 ECHO 数据包。默认为 32 字节；最大值是 65527。

-f 在数据包中发送"不要分段"标志，数据包就不会被路由上的网关分段。

-i ttl 将"生存时间"字段设置为 ttl 指定的值。

-v tos 将"服务类型"字段设置为 tos 指定的值。

-r count 在"记录路由"字段中记录传出和返回数据包的路由。 count 可以指定最少 1 台，最多 9 台计算机。

-s count 指定 count 指定的跃点数的时间戳。

-j computer-list 利用 computer-list 指定的计算机列表路由数据包。连续计算机可以被中间网关分隔（路由稀疏源） IP 允许的最大数量为 9 。

-k computer-list 利用 computer-list 指定的计算机列表路由数据包。连续计算机不能被中间网关分隔（路由严格源） IP 允许的最大数量为 9 。

-w timeout 指定超时间隔，单位为毫秒。

destination-list 指定要 ping 的远程计算机。

查看 ping 的相关帮助信息"ping/?"

（2）ipconfig 命令

该命令用于显示所有当前的 TCP/IP 网络配置值、刷新动态主机配置协议(DHCP)和域名系统(DNS)设置。使用不带参数的 ipconfig 可以显示所有适配器的 IP 地址、子网掩码、默认网关。

命令格式：

ipconfig [/all] [/renew [adapter]] [/release [adapter]] [/flushdns] [/displaydns] [/registerdns] [/showclassid adapter] [/setclassid adapter [classID]]

参数说明：

/all 显示所有适配器的完整 TCP/IP 配置信息。在没有该参数的情况下 ipconfig 只显示 IP 地址、子网掩码和各个适配器的默认网关值。适配器可以代表物理接口(如安装的网络适配器)或逻辑接口(如拨号连接)。

/renew [adapter] 更新所有适配器(如果未指定适配器)或特定适配器(如果包含了 adapter 参数)的 DHCP 配置。该参数仅在具有配置为自动获取 IP 地址的网卡的计算机上可用。要指定适配器名称，键入使用不带参数的 ipconfig 命令显示的适配器名称。

/release [adapter] 发送 DHCPRELEASE 消息到 DHCP 服务器，以释放所有适配器(如果未指定适配器)或特定适配器(如果包含了 adapter 参数)的当前 DHCP 配置并丢弃 IP 地址配置。该参数可以禁用配置为自动获取 IP 地址的适配器的 TCP/IP。要指定适配器名称，键入使用不带参数的 ipconfig 命令显示的适配器名称。

/flushdns 清理并重设 DNS 客户解析器缓存的内容。如有必要，在 DNS 疑难解答期间，可以使用本过程从缓存中丢弃否定性缓存记录和任何其他动态添加的记录。

/displaydns 显示 DNS 客户解析器缓存的内容，包括从本地主机文件预装载的记录以及由计算机解析的名称查询而最近获得的任何资源记录。DNS 客户服务在查询配置的 DNS 服务器之前使用这些信息快速解析被频繁查询的名称。

/registerdns 初始化计算机上配置的 DNS 名称和 IP 地址的手工动态注册。可以使用该参数对失败的 DNS 名称注册进行疑难解答或解决客户和 DNS 服务器之间的动态更新问题，而不必重新启动客户计算机。TCP/IP 协议高级属性中的 DNS 设置可以确定 DNS 中注册了哪些名称。

/showclassid adapter 显示指定适配器的 DHCP 类别 ID。要查看所有适配器的 DHCP 类别 ID，可以使用星号(*)通配符代替 adapter。该参数仅在具有配置为自动获取 IP 地址的网卡的计算机上可用。

/setclassid adapter [classID] 配置特定适配器的 DHCP 类别 ID。要设置所有适配器的 DHCP 类别 ID，可以使用星号(*)通配符代替 adapter。该参数仅在具有配置为自动获取 IP 地址的网卡的计算机上可用。如果未指定 DHCP 类别的 ID，则会删除当前类别的 ID。

注意：ipconfig 等价于 winipcfg，后者在 Windows 98/Me 上可用。尽管 Windows XP 没有提供像 winipcfg 命令一样的图形化界面，但可以使用"网络连接"查看和更新 IP 地址。要做到这一点，可打开网络连接，右键点击某一网络连接，点击"状态"命令，然后点击"支持"选项卡。

该命令最适用于配置为自动获取 IP 地址的计算机。它使用户可以确定哪些 TCP/IP 配置值是由 DHCP、自动专用 IP 地址(APIPA)和其他配置配置的。

如果 adapter 名称包含空格，在该适配器名称两边使用引号(即"adapter name")。

对于适配器名称，ipconfig 可以使用星号(*)通配符指定名称为指定字符串开头的适配器，或名称包含有指定字符串的适配器。例如，local* 可以匹配所有以字符串 local 开头的适配器，而*Con*可以匹配所有包含字符串 Con 的适配器。

只有当 TCP/IP 协议在网络连接中安装为网络适配器属性的组件时，该命令才可用。

（3）tracert 命令

tracert 命令用来显示数据包到达目标主机所经过的路径，并显示到达每个节点的时间。如果数据包不能传递到目标，tracert 命令将显示成功转发数据包的最后一个路由器。tracert 的使用很简单，只需要再 tracert 命令后面跟一个 IP 地址或 URL，tracert 会自动进行相应的域名转换。命令功能同 ping 类似，但它所获得的信息要比 ping 命令详细得多，它把数据包所走的全部路径、节点的 IP 以及花费的时间都显示出来。该命令比较适用于大型网络。

命令格式：

tracert [-d][-h maximum_hops][-j host_list][-w timeout]target_name

参数说明：

-d 指定不将 IP 地址解析到主机名称。

-h maximum_hops 指定跃点数以跟踪名为 target_name 的路由。

-j host_list 指定 tracert 实用程序数据包所采用路径中的路由器接口列表。

-w timeout 等待 timeout 为每次回复所指定的毫秒数。

target_name 目标主机的名称或 IP 地址 netstat 命令。

（4）netstat 命令

netstat 命令可以帮助网络管理员了解网络的整体使用情况。它可以显示当前正在活动的网络连接的详细信息，如显示网络连接、路由表和网络接口信息，可以统计目前总共有哪些网络连接正在运行。利用命令参数，命令可以显示所有协议的使用状态，这些协议包括 TCP 协议、UDP 协议以及 IP 协议等，另外还可以选择特定的协议并查看其具体信息，还能显示所有主机的端口号以及当前主机的详细路由信息。

命令格式：

netstat [-a] [-e] [-n] [-s] [-p protocol] [-r] [interval]

参数说明：

-a 用来显示在本机上的外部连接，它也显示远程连接的系统，本地和远程系统连接时使用和开放的端口，以及本地和远程系统连接的状态。这个参数通常用于获得本地系统开放的端口，用它可以自己检查系统上有没有被安装木马，在机器上运行 netstat，如发现："Port 12345(TCP) Netbus、Port31337(UDP) Back Orifice"之类的信息，则机器上就很有可能感染了木马。

-e 显示关于以太网的统计数据，该参数可以与 -s 选项结合使用。它列出的项目包括传送的数据报的总字节数、错误数、删除数、数据报的数量和广播的数量。这些统计数据既有发送的数据包数量，也有接收的数据包数量。这个选项可以用来统计一些基本的网络流量。

-n 这个参数基本上是-a参数的数字形式，它是用数字的形式显示以上信息，这个参数通常用于检查自己的 IP 时使用，也有些人使用它是因为更喜欢用数字的形式来显示主机名。

-s 显示机器的缺省情况下每个协议的配置统计，缺省情况下包括 TCP、IP、UDP、ICMP 等协议。

-p protocol 用来显示特定的协议配置信息，它的格式为 netstat -p ***，***可以是 UDP、IP、ICMP 或 TCP，如要显示机器上的 TCP 协议配置情况则可以用 netstat -p tcp。

-r 用来显示关于路由表的信息。除了显示有效路由外，还显示当前有效的连接。

interval 每隔"interval"秒重复显示所选协议的配置情况，直到按 "CTRL+C"中断。

（5）arp 命令

arp 是一个重要的 TCP/IP 协议，并且用于确定对应 IP 地址的网卡物理地址。使用 arp 命令，可以显示和修改 IP 地址与物理地址之间的转换表。此外，使用 arp 命令，也可以用人工方式输入静态的网卡物理/IP 地址对，可能会使用这种方式为缺省网关和本地服务器等常用主机进行这项操作，有助于减少网络上的信息量。

按照缺省设置，ARP 高速缓存中的项目是动态的，每当发送一个指定地点的数据报且高速缓存中不存在当前项目时，ARP 便会自动添加该项目。一旦高速缓存的项目被输入，它们就已经开始走向失效状态。例如，在 Windows NT/2000 网络中，如果输入项目后不进一步使用，MAC/IP 地址对就会在 2~10 分钟内失效。如果 ARP 高速缓存中项目很少或根本没有时，通过另一台计算机或路由器的 ping 命令即可添加。需要通过 arp 命令查看高速缓存中的内容时，最好先 ping 此台计算机（不能是本机发送 ping 命令）。

命令格式：

arp[-a [InetAddr] [-N IfaceAddr]] [-g [InetAddr] [-N IfaceAddr]] [-d InetAddr [IfaceAddr]] [-s InetAddr EtherAddr [IfaceAddr]]

参数说明：

-a[InetAddr] [-N IfaceAddr] 显示所有接口的当前 ARP 缓存表。要显示特定 IP 地址的 ARP 缓存项，使用带有 InetAddr 参数的 arp -a，此处的 InetAddr 代表 IP 地址。如果未指定 InetAddr，则使用第一个适用的接口。要显示特定接口的 ARP 缓存表，将 -N IfaceAddr 参数与 -a 参数一起使用，此处的 IfaceAddr 代表指派给该接口的 IP 地址。-N 参数区分大小写。

-g[InetAddr] [-N IfaceAddr] 与 -a 相同。

-d InetAddr [IfaceAddr] 删除指定的 IP 地址项，此处的 InetAddr 代表 IP 地址。对于指定的接口，要删除表中的某项，使用 IfaceAddr 参数，此处的 IfaceAddr 代表指派给该接口的 IP 地址。要删除所有项，使用星号 (*) 通配符代替 InetAddr。

-s InetAddr EtherAddr [IfaceAddr] 向 ARP 缓存添加可将 IP 地址 InetAddr 解析成物理地址 EtherAddr 的静态项。要向指定接口的表添加静态 ARP 缓存项，使用 IfaceAddr 参数，此处的 IfaceAddr 代表指派给该接口的 IP 地址。

（6）net view 命令

net view 命令显示域列表、计算机列表或指定计算机的共享资源列表。这个命令提供了图形界面，可监控区域网络内的连线状况。可以运用这些信息从事一般性的维护工作，可以检测出网络内计算机是否有外人入侵，并且可直接侦测出对方的 IP 位置及入侵方式，也可以测出计算机的网络使用频宽，进而得知计算机、电子邮件、上网为何会变慢等。

命令格式：

net view [\\computername | /domain[:domainname]]

net view /network:nw [\\ComputerName]

参数说明：

① 键入不带参数的 net view 显示当前域的计算机列表。

② \\computername指定要查看其共享资源的计算机。

③ /domain[:domainname]指定要查看其可用计算机的域。

④ /network:nw 显示 NetWare 网络上所有可用的服务器。如果指定计算机名，/network:nw 将通过 NetWare 网络显示该计算机上的可用资源。也可以指定添加到系统中的其他网络。

⑤ net help command 显示指定 net 命令的帮助。

注释：

使用 net view 命令显示计算机列表。输出内容与以下相似：

服务器名称   注释
\\ Production。   Production file server
\\ Printer1。   Printer room, first floor
\\ Print2。   Printer room, second floor

范例：

要查看由\\ Production 计算机共享的资源列表，键入：

net view \\ Production

要查看 NetWare 服务器\\ Marketing 上的可用资源，键入：

net view /network:nw \\ Marketing

要查看销售域或工作组中的计算机列表，键入：

net view /domain:sales

要查看 NetWare 网络中的所有服务器，键入：

net view /network:nw

【实训步骤】

在拓扑图描述的网络环境中，PC0 和 PC1 在局域网 192.168.1.0/24 中，PC2 在另外一个局域网 192.168.2.0/24 中，两个局域网间通过路由器 Router0 和 Router1 构成的广域网连接起来。依据网络层次排查网络故障，下面介绍一下排查网络故障的步骤及检测技术。

1. 局域网网络故障排查

主机 PC0 ping 主机 PC1，结果如图 4-2 所示，说明两台主机间不通。

按照网络层次来排查故障。

（1）物理层故障排查

依次检查网线、网卡、设备及设备接口是否正常。如果这些都正常，向上查看数据链路层是否有故障。

图 4-2　PC0 ping PC1

（2）数据链路层故障排查

① 查看交换机接口协议是否为 up,工作模式、速率是否一致。通过 show interfaces 查看交换机的接口状态，结果如下：

Switch#show　interfaces
FastEthernet0/1 is up, line protocol is up (connected)　! 链路协议为 up
　Hardware is Lance, address is 0090.2b98.0201 (bia 0090.2b98.0201)
　BW 100000 Kbit, DLY 1000 usec,
　　reliability 255/255, txload 1/255, rxload 1/255
　Encapsulation ARPA, loopback not set
　Keepalive set (10 sec)
Full-duplex, 100Mb/s　　　　　　　　　　　　　　!全双工模式，100Mbps 速率

② 查看主机网卡的工作模式及速率，结果如图 4-3 所示。

图 4-3　PC0 网卡配置

从查看结果看出，主机和交换机的端口工作模式及速率配置一致。再继续向上层排查。

（3）网络层故障排查

该层主要查看地址和子网掩码是否正确，路由协议配置是否正确。使用 ping 命令测试主机地址配置是否正确。在 PC0 主机上的 ping 测试结果如图 4-4 所示。从测试结果分析，ping 环回地址正常，说明 PC0 的 TCP/IP 协议族安装正确；ping 本机地址 ，结果是目的地址不可达，说明 PC0 的地址未配置或者配置不正确。通过检查，发现主机 PC0 的地址未配置。按

照给定的地址设置好以后，PC0 和 PC1 能够正常通信。

图 4-4　PC0 的 ping 测试

2．广域网网络故障排查

PC0 访问外网的 PC2,使用 ping 命令进行测试，结果如下：

PC>ping　192.168.2.1

Pinging 192.168.2.1 with 32 bytes of data:

Request timed out.

Request timed out.

Request timed out.

Request timed out.

Ping statistics for 192.168.2.1:

Packets: Sent = 4, Received = 0, Lost = 4 (100% loss)，说明两台主机间不能连通。

　　按照网络层次来排查故障，假设物理层和数据链路层都正常，接下来排查网络层故障。主机地址、掩码配置也正确，故障可能出现在沿途路由器上。可以通过 ping 和 tracert 来定位是哪台路由器节点信息配置不正确。

　　① 使用 ping 命令沿源到目的路途中的各个节点顺序，测试和它们之间的连通性。

PC>ping　192.168.1.254　!ping 网关通，说明局域网配置没问题。

Pinging 192.168.1.254 with 32 bytes of data:

Reply from 192.168.1.254: bytes=32 time=62ms TTL=255

Reply from 192.168.1.254: bytes=32 time=47ms TTL=255

Reply from 192.168.1.254: bytes=32 time=62ms TTL=255

Reply from 192.168.1.254: bytes=32 time=63ms TTL=255

Ping statistics for 192.168.1.254:

　　Packets: Sent = 4, Received = 4, Lost = 0 (0% loss),

Approximate round trip times in milli-seconds:

　　Minimum = 47ms, Maximum = 63ms, Average = 58ms

PC>ping　10.10.10.1　! ping 路由器的外网接口也通，说明 Router0 配置没问题。

Pinging 10.10.10.1 with 32 bytes of data:

Reply from 10.10.10.1: bytes=32 time=46ms TTL=255

Reply from 10.10.10.1: bytes=32 time=49ms TTL=255

Reply from 10.10.10.1: bytes=32 time=62ms TTL=255

Reply from 10.10.10.1: bytes=32 time=62ms TTL=255

Ping statistics for 10.10.10.1:

Packets: Sent = 4, Received = 4, Lost = 0 (0% loss),
Approximate round trip times in milli-seconds:
　　　Minimum = 46ms, Maximum = 62ms, Average = 54ms
PC>ping　10.10.10.2　　　! ping 下一跳路由器不通
Pinging 10.10.10.2 with 32 bytes of data:
Request timed out.
Request timed out.
Request timed out.
Request timed out.
Ping statistics for 10.10.10.2:
Packets: Sent = 4, Received = 0, Lost = 4 (100% loss),说明故障出现在路由器 Router1 上。

② 使用 tracert 命令确定数据包在网络上的停止位置，从而确定故障点。tracert 的使用及查看结果如图 4-5 所示。

```
PC>tracert 192.168.2.1

Tracing route to 192.168.2.1 over a maximum of 30 hops:

  1    47 ms     47 ms      62 ms      192.168.1.254
  2     *         *          *         Request timed out.
  3     *         *          *         Request timed out.
  4     *         *          *         Request timed out.
```

图 4-5　tracert 192.168.2.1

从测试结果看出，路由器 Router0 正常，下一节点请求超时，说明故障点在路由器 Router1 上。

③ 在 Router1 上使用 show interfaces 命令查看接口配置，结果如下：
Router#show　interfaces　s2/0
Serial2/0 is up, line protocol is up (connected)
　　　Hardware is HD64570
Internet address is 10.10.10.2/24　! 地址配置正确
Router#show　interfaces　f0/0
FastEthernet0/0 is up, line protocol is up (connected)
　　　Hardware is Lance, address is 0060.709c.33a3 (bia 0060.709c.33a3)
Internet address is 192.168.2.254/24　! 地址配置正确

④ 使用 show ip route 查看 Router1 的路由表，结果如下：
Router#show　ip　route
Codes: C - connected, S - static, I - IGRP, R - RIP, M - mobile, B - BGP
　　　D - EIGRP, EX - EIGRP external, O - OSPF, IA - OSPF inter area
　　　N1 - OSPF NSSA external type 1, N2 - OSPF NSSA external type 2
　　　E1 - OSPF external type 1, E2 - OSPF external type 2, E - EGP
　　　i - IS-IS, L1 - IS-IS level-1, L2 - IS-IS level-2, ia - IS-IS inter area
　　　* - candidate default, U - per-user static route, o - ODR
　　　P - periodic downloaded static route
Gateway of last resort is not set
　　　10.0.0.0/24 is subnetted, 1 subnets
C　　10.10.10.0 is directly connected, Serial2/0
C　　192.168.2.0/24 is directly connected, FastEthernet0/0

从查看结果看出，Router1 上没有到达 192.168.1.0 网络的路由，这就是 PC0 和 PC2 不通的原因。在路由器 Router1 上添加路由即可，命令如下：

Router(config)#ip route 192.168.1.0 255.255.255.0 10.10.10.1

配置完成后的测试，学生自己完成。

3. 局域网中地址冲突故障排查

（1）用 arp 命令查找 IP 地址冲突主机

如果网络中存在相同 IP 地址的主机时，就会报出 IP 地址冲突的警告。

例如某主机 PC1 规定 IP 地址为 192.168.1.2，如果它处于开机状态，那么其他机器 PC0 更改 IP 地址为 192.168.1.2 就会造成 IP 地址冲突。其原理就是：主机 PC0 在连接网络(或更改 IP 地址)时会向网络发送 ARP 包广播自己的 IP 地址，如果网络中存在相同 IP 地址的主机 PC1，那么 PC1 就会通过 ARP 来 reply 该地址，当 PC0 接收到这个 reply 后，就会跳出 IP 地址冲突的警告，当然 PC1 也会有警告。

如果能同时观察到这些主机，那么通过修改其中一台主机的 IP 地址即可解决问题。若仅能观察到其中一台 PC 提示"IP 地址 192.168.1.2 与网络上的其他地址冲突"，则可以用 arp 命令查找 IP 地址冲突主机，步骤如下。

① 将该报警主机 PC1 的 IP 地址修改为一个未用地址，如 192.168.1.3。

② 在该机命令提示符界面输入"ping 192.168.1.2"。

③ 执行"arp -a"命令,结果如下：

```
PC>arp  -a
  Internet Address    Physical Address      Type
  192.168.1.2         0030.a386.82a1        dynamic    ！查出了引起冲突主机的 MAC 地址
```

④ 在局域网交换机上执行"show mac-address-table"命令，查看冲突主机所连接的交换机接口，结果如下：

```
Switch#show   mac-address-table
            Mac Address Table
-------------------------------------------

Vlan     Mac Address       Type        Ports
----     -----------       --------    -----

1     0030.a386.82a1    DYNAMIC      Fa0/1    ！连接在 f0/1 接口的主机
1     00e0.f7a4.ed81    DYNAMIC      Fa0/2
```

进而找到该冲突主机，修改其 IP 地址即可。

（2）用 ARP 绑定防御 ARP 欺骗攻击

ARP 攻击常导致局域网中主机不能正常访问外网，因为 ARP 欺骗攻击是利用大量 reply 报文来淹没正常 reply 报文达到欺骗目的的，一般是 ARP 攻击主机淹没网关回应报文，导致局域网中主机发向外网的报文没有送给网关而是送给了本网的攻击主机，造成请求主机收不到外网服务器回应，认为上不了网。

目前简单的防御方法是采用 ARP 绑定，步骤如下。

① 在 PC0 命令提示符界面输入"ping 192.168.1.254"命令。

② 执行"arp -a"命令,结果如下：

```
PC>arp -a
  Internet Address      Physical Address        Type     ！动态的 ARP 表
  192.168.1.2           00e0.f7a4.ed81          dynamic
  192.168.1.254         0001.64e1.d46b          dynamic
```

③ 执行"arp -s 192.168.1.254 0001.64e1.d46b"命令,静态绑定网关的 IP 和 MAC。

模拟软件支持的命令参数有限，建议学生在真实机上完成 ARP 绑定的练习。

（3）用 netstat -r 监视网络的连接状态

netstat 可以查看主机网络连接的情况，每个接口的状态，网关信息，也就是主机的路由表，对排查网络故障也很有帮助。查看的信息如下：

PC>netstat   -r
Route Table
===

Interface List
0x1 .... PT TCP Loopback interface
0x2 ...00 16 6f 0d 88 ec ...... PT Ethernet interface
===
===
Active Routes:

Network Destination	Netmask	Gateway	Interface	Metric
0.0.0.0	0.0.0.0	192.168.1.254	192.168.1.2	1
Default Gateway:	192.168.1.254			

===
Persistent Routes:
    None

显示了本机网卡配置信息及缺省路由信息，对排查网络层故障很有帮助。还可以使用 netstat 命令查看服务器的端口状态，以确定服务的状态，排查高层故障。

【实训总结】

本次实训主要学习网络故障排查的步骤和方法，着重练习了网络命令的使用，并通过命令显示信息，确定网络故障，解决网络故障。

完成本实训后，对相关内容进行总结，进一步学习命令参数及返回结果的含义。建议学生完成以下任务：

① 结合具体物理硬件，总结物理硬件故障现象，原因及解决方法。

② 在真实网络环境中，练习使用网络测试命令。

实训项目五　数据链路层协议分析

【实训目的】

1. 掌握以太网数据帧结构。
2. 掌握数据链路层的作用及其重要性。

【实训内容】

1. 列举常见数据链路层协议及其应用环境。
2. 使用 Ethereal 捕获以太网数据帧并分析其组成结构。
3. 使用模拟软件分析广域网数据帧的组成结构。

【实训环境】

两台 PC 机，两台路由器，一条 V.35 线缆，一条 console 控制线，两条交叉线。实训拓扑图如图 5-1 所示。

图 5-1　实训拓扑图

说明：PC0 通过网线连接 Router0 的 f0/0 接口，通过 console 线连接 Router0 的 console 口；PC1 通过网线连接 Router1 的 f0/0 接口，Router0 和 Router1 的 s2/0 接口通过串口线连接，链路协议为 PPP。

地址配置如下。

路由器 Router0 的 IP 地址：s2/0:10.10.10.1/24；f0/0:192.168.1.254/24。

路由器 Router1 的 IP 地址：s2/0:10.10.10.2/24；f0/0:192.168.2.254/24。

主机 PC0 的 IP 地址：192.168.1.1/24；网关：192.168.1.254。

主机 PC1 的 IP 地址：192.168.2.1/24；网关：192.168.2.254。

【理论基础】

1. 数据链路层的定义及功能

数据链路层是 OSI 参考模型中的第二层，介于物理层和网络层之间。数据链路层在物理层提供的服务的基础上向网络层提供服务，其最基本的服务是将源机网络层来的数据可靠地传输到相邻节点的目标机网络层。而不同的物理网络由不同的介质组成，如铜线、光纤、无线等，网络类型或介质的不同，则要求在其链路上对数据封装的格式也不同。对如何将网络层数据包放到不同的介质上并进行传输，是数据链路层要解决的问题。

为能使网络层数据包在不同介质上正常传输，数据链路必须具备一系列相应的功能，主要有：如何将数据组合成数据块，在数据链路层中称这种数据块为帧（frame），帧是数据链路层的传送单位；如何控制帧在物理信道上的传输，包括如何处理传输差错，如何调节发送速率以使与接收方相匹配；以及在两个网络实体之间提供数据链路通路的建立、维持和释放的管理。

2. 数据链路层的协议

由于存在着很多数量的物理介质，因此数据链路层由不同的协议定义数据帧的结构。一些类型的帧和数据链路层服务支持 LAN 通信，其他一些支持 WAN 通信。

LAN 协议有 IEEE802.3 以太网和 IEEE802.11 无线协议。以太网是使用最广泛的 LAN 技术且支持 10Mbps、100 Mbps、1000 Mbps 和 10000 Mbps 的数据带宽。IEEE802.11 使用与其他 802LAN 相同的 802.2LLC 和 48 位编址方案。但是，MAC 子层和物理层中存在许多差异。在无线环境中，需要考虑一些特殊的因素。由于没有确定的物理连通性，因此外部因素可能干扰数据传输且难以进行访问控制。为了解决这些难题，无线标准制定了额外的控制功能。

WAN 协议有 PPP（点对点协议）、HDLC（高级数据链路控制）、FR（帧中继）和 ATM（异步传输模式）。

PPP 是用于在两个节点之间传送帧的协议。PPP 标准由 RFC 定义，这和许多数据链路层协议不同，它们是由电气工程组织定义的。PPP 可用于各种物理介质（包括双绞线、光缆和卫星传输）以及虚拟连接。

PPP 使用分层体系结构。为满足各种介质类型的需求，PPP 在两个节点间建立称为会话的逻辑连接。PPP 会话向上层 PPP 协议隐藏底层物理介质。这些会话还为 PPP 提供了用于封装点对点链路上的多个协议的方法。链路上封装的各协议均建立了自己的 PPP 会话。

PPP 还允许两个节点协商 PPP 会话中的选项。包括身份验证、压缩和多重链接（使用多个物理连接）。

3. 数据链路层的物理实体

在许多情况下，数据链路层均是物理实体，如以太网网络接口卡（NIC），它会插入计算机的系统总线中并将计算机上运行的软件进程和物理介质连接。但是，网卡并不仅是一个物理实体。与网卡相关的软件可使网卡执行中间功能，即准备好传输数据并将数据编码为可在相关介质上发送的信号。

4. 数据链路层协议数据单元——帧结构

（1）以太网帧结构

如图 5-2 所示，以太网帧具有多个字段，含义如下。

前导码——用于定时同步，也包含标记定时信息结束的定界符。

目的地址——48 位目的节点 MAC 地址。

源地址——48 位源节点 MAC 地址。

类型——指明以太网过程完成后用于接收数据的上层协议类型。

数据——在介质上传输的 PDU，通常为 IPV4 数据包。

帧校验序列（FCS）——用于检查损坏帧的 CRC 值。

前导码	目的地址	源地址	类型	数据	帧校验序列
8个字节	6个字节	6个字节	2个字节	46~1500个字节	4个字节

图 5-2　以太网协议

（2）网卡的物理地址（MAC 地址）

MAC（Medium/Media Access Control, 介质访问控制），MAC 地址是烧录在 Network Interface Card(NIC,网卡)里的。MAC 地址也称硬件地址,由 48 位(6 字节/byte,1byte=8bits，而此 6 个字节中最高有效字节中的最低有效位用来标识 unicast 和 mulcast，即单播和多播，而次最低有效位则用来标识 universally administered address 和 locally administered address， 其中 universally administered address 是指烧录在固件中由厂商指定的地址，亦即通常所理解的 MAC 地址，而 locally administered address 则是指由网络管理员为了加强自己对网络管理而指定的地址)二进制数字组成，一般用 12 个十六进制数表示，如 00-50-BA-CE-07-0C。0~23 位称为组织唯一标志符，（Organizationally Unique Identifier，OUI），是 IEEE 分配给网卡生产厂的，24~47 位是由厂家自己分配的，也称网卡序号。网卡的物理地址通常是由网卡生产厂烧入网卡的 EPROM（一种闪存芯片，通常可以通过程序擦写），它存储的是传输数据时真正赖以标识发出数据的电脑和接收数据的主机的地址。

（3）WAN 的 PPP 协议数据帧

如图 5-3 所示，广域网 PPP 协议帧具有以下几个基本字段。

标志——表示帧开始或结束位置的一个字节。所有的 PPP 帧都是由一个标准的二进制字节（01111110）作为开始的。

地址——它是一个标准的广播地址（注意：PPP 通信不分配个人站地址）。它总是被设置成二进制值 11111111，以表示所有的站都可以接受该帧。

控制——二进制值为 00000011，表示这是一个无序号帧。也就是说，在默认情况下，PPP 协议并没有采用序列号和确认应答来实现可靠传输。

协议——标志帧中数据字段封装的协议。已定义的协议代码包括 LCP、NCP、IP、IPX、Apple Talk 等。以 0 位作为开始的协议是网络层协议，如 IP、IPX 等；以 1 位作为开始的协议是被用于协商其他的协议，如 LCP、NCP。协议的默认大小为 2 字节，但是通过 LCP 可以将它协商为 1 个字节。

数据——又称"净荷域"，可以是任意长度，包含协议字段中指定的协议数据报。如果在线路建立过程中没有通过 LCP 协商该长度，则使用默认长度 1500 字节。如果有需要，在该字段之后可以加上一些填充字节。

FCS——帧校验序列（FCS）字段，通常为 16 位（2 个字节长），也可以为 4 个字节。PPP 的执行可以通过预先协议采用 32 位 FCS 来提高差错检测。

标志	地址	控制	协议	数据	FCS
1个字节	1个字节	1个字节	2个字节	不定	2个或4个字节

图 5-3　PPP 协议帧

【实训步骤】

1. 捕获局域网数据包，分析以太网数据帧格式

首先按照拓扑结构搭建网络环境，并按照给定的地址配置主机和设备，路由器的配置参考实训项目十，然后使用 PC0 主机 ping PC1 主机，通过抓取 ICMP 数据，分析以太网的帧格式，步骤如下。

① 在 PC0 主机上启动 Ethereal 抓包工具，单击菜单栏 Capture/Interfaces，打开 Capture Interfaces 对话框，选择抓包网卡，如图 5-4 所示。

图 5-4　Capture Interfaces 对话框

② 选择第三张网卡后面的"Prepare"按钮，设置过滤条件，在 Capture Filter 栏中输入"icmp"，如图 5-5 所示。然后单击"Start"开始捕获数据包。

图 5-5　Capture Options 对话框

③ 在 PC0 主机上，点击"开始/运行"，在运行框中输入"cmd"，打开命令提示符界面，输入"ping 192.168.2.1"测试和主机 PC1 之间的连通性，如图 5-6 所示。

图 5-6　ping 界面

④ 单击"Stop"停止按钮，停止捕获数据包，如图 5-7 所示，图中各项含义分别是：帧序号，时间，源地址，目的地址，高层协议，包中内容概况。

图 5-7　捕获的数据包

⑤ 选中第五个帧，点击前面的"+"，显示出物理层帧和数据链路层以太网帧的详细内容，如图 5-8 所示。

```
 Frame 5 (74 bytes on wire, 74 bytes captured)
    Arrival Time: Jul 15, 2011 09:00:14.903063000
    [Time delta from previous packet: 0.717301000 seconds]
    [Time since reference or first frame: 3.717882000 seconds]
    Frame Number: 5
    Packet Length: 74 bytes
    Capture Length: 74 bytes
    [Protocols in frame: eth:ip:icmp:data]
 Ethernet II, Src: EdimaxTe_71:34:44 (00:50:fc:71:34:44), Dst: Asiarock_56:09:4a (00:13:8f:56:09:4a)
  - Destination: Asiarock_56:09:4a (00:13:8f:56:09:4a)
      Address: Asiarock_56:09:4a (00:13:8f:56:09:4a)
      .... ...0 .... .... .... .... = Multicast: This is a UNICAST frame
      .... ..0. .... .... .... .... = Locally Administrated Address: This is a FACTORY DEFAULT address
  - Source: EdimaxTe_71:34:44 (00:50:fc:71:34:44)
      Address: EdimaxTe_71:34:44 (00:50:fc:71:34:44)
      .... ...0 .... .... .... .... = Multicast: This is a UNICAST frame
      .... ..0. .... .... .... .... = Locally Administrated Address: This is a FACTORY DEFAULT address
    Type: IP (0x0800)
```

图 5-8　数据帧的内容

数据帧的各字段的含义分析如下。

首先是物理层的数据帧概况。

a. 5 号帧，线路 74 个字节，实际捕获 74 个字节。

b. 达到时间是 2011.7.15,9:00。

c. 此包和前一数据包的时间间隔为 0.717301 秒。

d. 此包与第一帧的时间间隔为 3.717882 秒。

e. 帧序号为 5。

f. 帧长度为 74 个字节。

g. 捕获长度为 74 个字节。

h. 帧内封装的协议层次结构：以太网：ip：icmp：数据。

接下来是数据链路层以太网帧头部信息。

a. 以太网协议版本：II，源地址：厂名-序号（网卡地址），目的地址：厂名-序号（网卡地址）。

b. 目的地址：厂名为华擎科技，序号为 56:09:4a,MAC 地址为 00:13:8f:56:09:4a。

c. MAC 地址。

d. 组播：值为 0，说明这是一个单播帧。

e. 管理员指定的地址：值为 0，说明这是厂商指定的地址。

f. 源地址：厂名为 EdimaxTe，序号为 71:34:44，MAC 地址为 00:50：fc:71:34:44。

g. MAC 地址。

h. 这是一个单播帧。

i. 这是厂商指定的地址。

j. 类型：2 个字节，值为 0x0080,IP 协议。

⑥ 通过 ipconfig/all 查看 PC0 的物理地址，如图 5-9 所示。

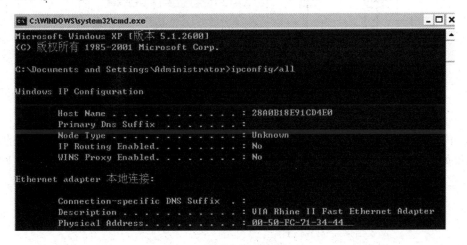

图 5-9　查看网卡物理地址

由查看结果可以看出，数据帧中封装的源 MAC 地址就是源主机 PC0 的地址。学生可以用同样的方法查看目的主机 PC1 的物理地址。通过以上实训内容，了解了以太网数据帧的格式及各个字段的含义。因为在局域网中有多个目的节点，所以在数据帧中要明确标出源和目的主机的地址。

2．在模拟软件中查看广域网数据帧格式

① 参考实训项目十的配置步骤正确配置本实训主机和路由器的地址及协议。

② 在 cisco packet tracer 模拟软件中用 PC0 主机长 ping PC1 主机，如图 5-10 所示。数据包要经过路由器 Router0 和 Router1 转发，而 Router0 和 Router1 之间是广域网链路，协议是 PPP。

图 5-10　PC0 ping PC1

③ 将 cisco packet tracer 转换成 simulation 模式，如图 5-11 所示，然后单击图中 "Auto Capture/Play" 按钮，开始捕获数据。

图 5-11　将 cisco packet tracer 转换成 simulation 模式

④ 单击 Event List 框中 Router1 发给 Router0 的数据的 info 彩色块，查看数据的详细信息，结果如图 5-12 所示。这是从广域网链路上接收过来的数据，接下来要发给局域网。

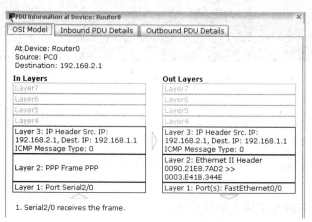

图 5-12　PDU information at Device:Router0

⑤ 单击"Inbound PDU Details"选项卡，查看接收的广域网数据封装格式，结果如图 5-13 所示。

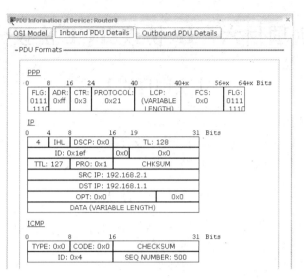

图 5-13 Inbound PDU Details

可以看出这是 ICMP 的数据，封装到 IP 数据包中，在数据链路层封装成 PPP 协议的数据帧。下面分析 PPP 协议帧的格式及字段含义，具体内容如下。

a．标志（FLG）：8 位，值为 01111110，表示一帧的开始。

b．地址（ADR）：8 位，值为 11111111，标准目的广播地址，表示谁都可以接收，没有源地址。因为是点到点的广域网链路，一个节点发送，另外一个节点接收，所以不用太多地址信息控制帧的来源和去向。这一点和以太网帧有很多区别。

c．控制(CTR):8 位，值为 0x3，表示是一个无序号帧。

d．协议（PROTOCOL）：16 位，值为 0x21，表示封装的是一个 IP 数据报文。

e．数据：由 LCP 协商为可变长度。

f．帧校验序列（FCS）：16 位。

g．标志（FLG）：8 位，表示一个帧的结束。

从以太网帧和广域网帧结构的不同可以看出，网络类型的不同、介质的不同、协议的不同对数据封装的格式也不同，如何为网络层的数据包提供透明传输，使网络层不必考虑物理层介质的差异，从而减轻网络层的负担，这就是数据链路层要完成的任务。数据链路层借助物理实体网络接口卡或设备接口，将上层交下来的数据包封装成适合在下一段链路介质上传输的数据帧，从而实现数据的正常传输。

【实训总结】

本次实训主要学习数据帧的封装格式和抓包工具的使用。通过比较不同协议数据帧格式的不同，理解数据链路层存在的必要性及其作用。

通过本次实训，完成以下任务：

① 到科技市场或机房查看常用的网络接口卡的形式并查看其地址。

② 捕获无线数据帧并分析其格式。

实训项目六　IP 协议/TCP 协议分析

【实训目的】

1. 掌握 Ethereal 抓包软件的使用。
2. 掌握 IP 协议和 TCP 协议的结构及其字段含义。
3. 理解 TCP 协议会话建立和终止的过程。

【实训内容】

1. 使用 PC 机访问互联网，并使用 Ethereal 抓包软件捕获数据包。
2. 分析 IP 数据包的报头格式及字段含义。
3. 分析 TCP 报文的报头格式及字段含义。
4. 分析 TCP 连接建立和终止过程。

【实训环境】

一台能接入互联网的 PC，实训拓扑图如图 6-1 所示。

图 6-1　实训拓扑图

说明：PC 机作为客户端主机连入互联网，访问网络中的远程服务器。

【理论基础】

1. IP 协议

IP 即 Internet Protocol，称为网络协议，是最常用的网络层协议。IPv4（IP 第四版）是目前使用最为广泛的 IP 版本。它是通过 Internet 传送用户数据时使用的唯一一个第三层协议。

IP 报头如图 6-2 所示。

版本——包含 IP 版本号(4)。

报头长度(IHL)——指定数据包报头的大小。

服务类型——包含一个 8 位二进制值，用于确定每个数据包的优先级别。通过此值，可以对优先级别高的数据包（如传送电话语音数据的数据包）使用服务质量(QoS)机制。处理数据包的路由器可以配置为根据服务类型值来确定首先转发的数据包。

图 6-2　IP 报头

数据包长度——此字段以字节为单位，提供了包括报头和数据在内的整个数据包的大小。

标识——此字段主要用于唯一标识原始 IP 数据包的数据片。

标志和分片偏移量——路由器从一种介质向具有较小 MTU 的另一种介质转发数据包时必须将数据包分片。如果出现分片的情况，IPV4 数据包会在到达目的主机时使用 IP 报头中的片偏移量字段和 MF 标志来重建数据包。片偏移量字段用于标识数据包的数据片在重建时的放置顺序。

生存时间(TTL)——是一个 8 位二进制值，表示数据包的剩余"寿命"。数据包每经一个路由器（即每一跳）处理，TTL 值便减一。当该值变为零时，路由器会丢弃数据包并从网络数据流量中将其删除。

协议——此 8 位二进制值表示数据包传送的数据负载类型。典型的值包括：01 ICMP，06 TCP，17 UDP。

报头校验和——校验和字段用于对数据包报头执行差错校验。

IP 源地址——包含一个 32 位二进制值，代表数据包源主机的网络层地址。

IP 目的地址——包含一个 32 位二进制值，代表数据包目的主机的网络层地址。

选项——IPv4 报头中为提供其他服务另行准备了一些字段，但这些字段极少使用。

2. TCP 协议及会话连接的建立和终止

（1）TCP 协议

TCP 即 Transmission Control Protocol（传输控制协议）。TCP 是一种面向连接（连接导向）的、可靠的、基于字节流的传输层（Transport Layer）通信协议，完成传输层所指定的功能。

TCP 报头如图 6-3 所示。

源端口/目的端口——识别应用程序的地址。

顺序号——所发送的数据的第一字节的序号。

确认号——期望收到的数据（下一个消息）的第一字节的序号。

头部长度——表示数据报头的长度。

窗口大小——通知发送方接收窗口的大小，即最多可以发送的字节数。

图 6-3 TCP 报头

校验和——根据报头和数据字段计算出的校验和。

紧急指针（URG）——1 表示加急数据，此时紧急指针的值为加急数据的最后一个字节的序号。

确认位（ACK）——1 表示确认序号字段有意义。

急迫位（PSH）——1 表示请求接收端的传输实体尽快交付应用层。

重建位（RST）——1 表示出现严重差错，必须释放连接，重建。

同步位（SYN）——SYN=1，ACK=0 表示连接请求消息；SYN=1，ACK=1 表示同意建立连接消息。

终止位（FIN）——1 表示数据已发送完，要求释放连接。

（2）TCP 三次握手（图 6-4）

图 6-4 TCP 三次握手

① 客户端发送一个带 SYN 标志的 TCP 报文到服务器。这是三次握手过程中的报文 1。

② 服务器端回应客户端的，这是三次握手中的第 2 个报文，这个报文同时带 ACK 标志和 SYN 标志。因此，它表示对刚才客户端 SYN 报文的回应；同时又标志 SYN 给客户端，询问客户端是否准备好进行数据通信。

③ 客户必须再次回应服务段一个 ACK 报文，这是报文段 3。

（3）TCP 连接终止（四次挥手）（图 6-5）

图 6-5　TCP 连接终止

由于 TCP 连接是全双工的，因此每个方向都必须单独进行关闭。该原则是当一方完成它的数据发送任务后就能发送一个 FIN 来终止这个方向的连接。收到一个 FIN 只意味着这一方向上没有数据流动，一个 TCP 连接在收到一个 FIN 后仍能发送数据。首先进行关闭的一方将执行主动关闭，而另一方执行被动关闭。

① TCP 客户端发送一个 FIN，用来关闭客户到服务器的数据传送。

② 服务器收到这个 FIN，它发回一个 ACK，确认序号为收到的序号加 1。和 SYN 一样，一个 FIN 将占用一个序号。

③ 服务器关闭客户端的连接，发送一个 FIN 给客户端。

④ 客户端发回 ACK 报文确认，并将确认序号设置为收到序号加 1。

【实训步骤】

1．使用客户端主机访问 Internet，并使用 Ethereal 捕获数据包

① 在 PC 上打开 Ethereal 抓包工具，单击菜单栏 "Capture" / "Interfaces"，打开 Capture Interfaces 对话框，选择抓包网卡，如图 6-6 所示。图中红色框中的是主机上网的网卡，从图中可以看到本机的 IP 地址为 10.20.235.150，有数据包。

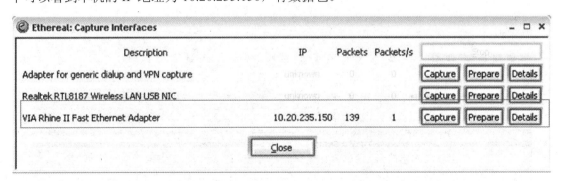

图 6-6　Capture Interfaces 对话框

② 选择第三张网卡后面的 "Prepare" 按钮，设置过滤条件，在 Capture Filter 栏中输入 "ip"，如图 6-7 所示。然后单击 "Start" 开始捕获数据包。

图 6-7　Capture Options

③ 通过 PC(10.20.235.150)访问百度（www.baidu.com）网站主页，如图 6-8 所示。

图 6-8　百度主页

④ 单击"Stop"停止按钮，停止捕获数据包，如图 6-9 所示。

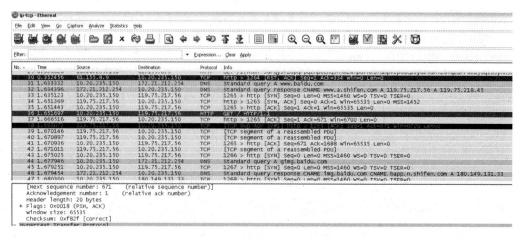

图 6-9　捕获的 IP 数据包

2. IP 数据包的报头分析

通过地址解析，知道 www.baidu.com 网站的 IP 地址是 119.75.217.56，所以图 6-9 中捕获的第 36 个数据帧就是本机请求百度主页的数据，点击开 "Internet Protocol" 前面的 "+"号，分析 IP 报头格式，如图 6-10 所示，下面对其中的各项内容进行说明。

① 版本（Version）：字段长度为 4 位，指定 IP 协议的版本号，这里值为 4，即 IPv4。

② 首部长度（Header Length）：字段长度为 4 位，IP 协议报头的长度，指明 IPv4 协议报头长度的字节数。这里值为 20，即 20 个字节。

③ 服务类型（Differentiated Services Field）:字段长度为 8 位，值为 0x00，说明是一般服务。服务类型字段实际上被划分为两个部分，一部分为优先权，一部分为 ToS。优先权用来设定报文的优先级，就像邮包分为挂号信和平信一样。ToS 允许按照吞吐量、时延、可靠性和费用方式选择传输服务，在早期，ToS 还被用来进行路由选择。在 QOS 中有时也会使用优先权。

④ 数据报总长度（Total Length）：字段长度为 16，值为 710，即数据包的总长度为 710 个字节。

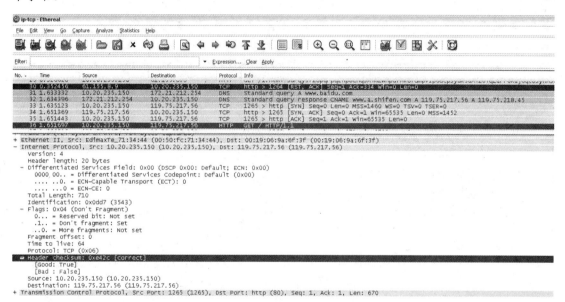

图 6-10　IP 数据包的报头

⑤ 标识（Identification）：字段长度为 16 位，值为 0x0dd7(3543)。唯一的 IP 数据报值，由信源机产生，每次自动加 1，当 IP 数据报被分片时，每个数据分片仍然沿用该分片所属的 IP 数据报的标识符，信宿机根据该标识符完成数据报重组，用于识别潜在的重复报文等。

⑥ 标志（Flags）：字段长度为 3 位，值为 0x04，包含以下字段。

a．保留位：1 位。

b．不分段位：1 位，取值为 0（允许数据分段）或 1（数据不能分段）。这里值为 1，表示不允许分段（Don't Fragment）。

c．更多段位：1 位，取值为 0（数据报后面没有包，该包为最后包）或 1（数据报后面有更多数据包）。这里值为 0，表示后面没有数据包。

⑦ 片位移（Fragment Offset）：字段长度为 13，值为 0，表示本片数据在它所属数据报

数据区中的偏移量，为信宿机进行各分片的重组提供顺序依据。

⑧ 生存时间（Time to Live），字段长度为 8 位，值为 64，用来解决循环路径问题，数据报每经过一个路由器，TTL 减 1，当 TTL 减为 0 时，如果仍未到达信宿机，便丢弃该数据报。

⑨ 协议标识（Protocol）：字段长度为 8 位，值为 0x06，表示被封装的协议为 TCP。

⑩ 首部校验和（head checksum）：字段长度为 16 位，值为 0xe42c(correct)，表示首部数据完整。

⑪ 源主机（Source）：字段长度为 32 位，地址为 10.20.235.150（本机）。

⑫ 目的主机（Destination）：字段长度为 32 位，地址为 119.75.217.56(服务器)。

⑬ IP 选项：无。

⑭ 数据：需要被传输的数据。

3. TCP 数据报头分析

在图 6-10 中，点击"Transmission Control Protocol"前面的"+"号，分析 TCP 报头格式，如图 6-11 所示。以下是 TCP 报头字段的说明。

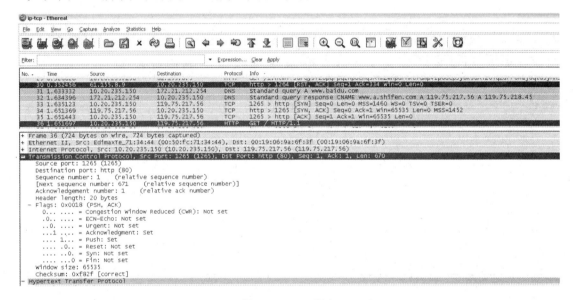

图 6-11 TCP 报文

① 源端口（Source Port）：字段长度为 16 位，值为 1265，表示发起连接的源端口为 1265。

② 目的端口（Destination Port）：字段长度为 16 位，值为 80（http），表示要连接的目的端口为 80。

③ 序列号（Sequence Number）：字段长度为 32 位，值为 1，即 seq 值，表示发送方发送的数据流中被封装的数据所在位置。

④ 确认号（Acknowledgment Number）：字段长度为 32 位，值为 1，确认号确定了源点下一次希望从目标接收的序列号。

⑤ 报头长度（Header Length）：字段长度为 4 位，值为 20 个字节。由于可选项字段的长度可变，所以这一字段标识出数据的起点是很重要的。

⑥ 保留（Reserved）：字段长度为 6 位，此处不用，通常设置为 0。

⑦ 标记（Flags）：字段长度为 6 位，值为 0x0018，该值用 2 个十六进制数来表示。6 个

标志位的含义分别如下。

a. 紧急数据标志（URG）：1 位，取值为 0（表示不是紧急数据）或 1（表示有紧急数据，应立即进行传递），这里值为 0。

b. 确认标志位（ACK）：1 位，取值为 0（表示非应答数据）或 1（表示此数据包为应答数据包），这里值为 1。

c. PUSH 标志位（PSH）：1 位，取值为 0（没有要提交的数据）或 1（表示此数据包应立即进行传递），这里值为 1。

d. 复位标志位（RST）：1 位，取值为 0（不用复位）或 1（复位），这里值为 0。如果收到不属于本机的数据包，则返回一个 RST。

e. 连接请求标志位（SYN）：1 位，取值为 0（表示没有连接请求）或 1（表示发起连接的请求数据包），这里值为 0，因为连接已经建立。

f. 结束连接请求标志位（FIN）：1 位，取值为 0（表示没有终止请求）或 1（表示是结束连接的请求数据包），这里值为 0。

⑧ 窗口大小（Window Size）：字段长度为 16 位，值为 65535，表示窗口是 65535。

⑨ 校验和（Checksum）：字段长度为 16 位，值为 0xf82f（correct），表示校验结果正确。

4. TCP 会话建立过程中的"三次握手"分析

TCP 是一个面向连接的传输层协议，通信双方在传送用户数据之前，先在传输层启动 TCP 进程，在双方主机间建立会话连接，如图 6-12 所示，第 33、34、35 三个数据帧就是本机和百度服务器之间的三次握手，在传输主页数据之前。下面对三次握手的数据进行分析。

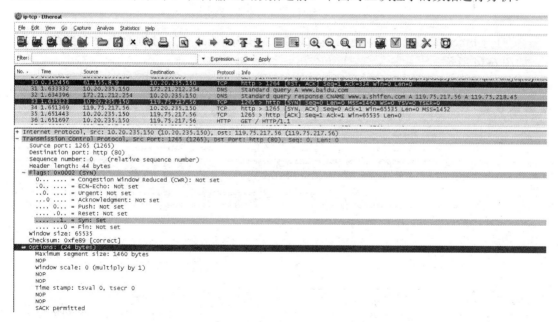

图 6-12　TCP 会话建立过程中的"三次握手"

① 第一个帧（33）：本机（客户端）向百度服务器发送了一个数据包，本机随机选择了 1265 端口作为源端口向服务器的 80 端口发送连接请求。报文中的 SYN 控制位置 1，被设定为同步，序列号随机设置为 0 用来识别这次 TCP 会话，窗口大小为 65535 字节，这是三次握

手的第 1 个报文。

② 第二个帧（34）：服务器端回应客户端的，这是三次握手中的第 2 个报文，这个报文同时带 ACK 标志和 SYN 标志。因此它表示对刚才客户端 SYN 报文的回应（ACK=1，客户端序列号+1）；同时又发送标志 SYN 给客户端，序列号为 0，询问客户端是否准备好进行数据通信。

③ 第三个帧（35）：客户端必须再次回应服务器一个 ACK 报文，ACK=1，是服务器发送的报文的序列号值+1，这是报文段 3。

通过三次握手，客户端和服务器端建立起会话连接，开始发送用户数据，如数据帧 36。

5．TCP 会话终止过程中的"四次挥手"过程

① 本机通过命令"telnet bbs.tsinghua.edu.cn"远程登录水木清华论坛，如图 6-13 所示。

图 6-13　telnet bbs.tsinghua.edu.cn

② 打开 Ethereal 抓包软件，然后退出 bbs，捕获离开 bbs 论坛时的 TCP 终止会话连接报文，如图 6-14 所示。

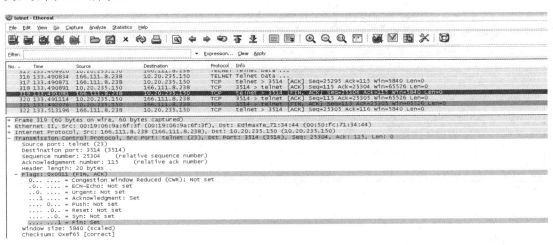

图 6-14　TCP 会话终止过程

由于 TCP 连接是全双工的，因此每个方向都必须单独进行关闭。该原则是当一方完成它的数据发送任务后就能发送一个 FIN 来终止这个方向的连接。收到一个 FIN 只意味着这一方向上没有数据流动，一个 TCP 连接在收到一个 FIN 后仍能发送数据。首先进行关闭的一方将执行主动关闭，而另一方执行被动关闭。第 319、320、321、322 个数据帧就是本机和 telnet 服务器间四次挥手过程的数据。下面对四次挥手数据进行分析。

a. TCP 服务器端（166.111.8.238）发送一个 FIN 请求，用来关闭客户到客户端的数据传送，序列号为 25304（报文段 319）。

b. 客户端收到这个 FIN，它发回服务器一个 ACK=25305，确认序号为收到的序列号值加 1（报文段 320）。

c. 同样，客户端发送该服务器端一个 FIN 请求，序列号为 115（报文段 321）。

d. 服务器发回客户端 ACK 报文确认，并将确认序号设置为收到序列号加 1，即 116（报文段 322）。

经过四次挥手，客户端和服务器之间终止了远程登录的会话连接。

【实训总结】

本实训使用 Ethereal 捕获网络中的数据包，依次分析了 IP 和 TCP 协议的字段含义以及 TCP 会话建立和终止的过程。完成本实训后，学生应该学会对协议进行分析，理解常用字段含义，理解 TCP 面向连接和可靠的特征。

在完成本实训的基础上，思考以下问题：

① 如何修改捕获数据包的网卡，如无线网卡。

② 采用 Ethereal 工具软件捕获应用层协议，如 HTTP、DNS,并分析它们的工作过程。

实训项目七 对等网和 C/S 网络组建

【实训目的】

1．掌握利用交换机组建局域网。
2．掌握文件及打印机共享。
3．IP 编制及子网划分。

【实训内容】

利用交换机组建局域网，并实现文件及打印机共享。

【实训环境】

三台交换机、五台 PC 机，网线若干。

【理论基础】

1．交换机简介

交换机工作在 OSI 参考模型的第二层，即数据链路层。其作用是将一些机器连接起来组建局域网。交换机具有 VLAN 功能，通过适当的配置，可以实现通信子网的划分。此外，一些三层交换机还具备了网络层的路由功能，可用于不同子网的互连。

二层交换机是组建局域网的重要设备，它通过维护一张 MAC 地址到端口的映射表来确定数据包的转发。当交换机从某个端口收到一个数据包时，它先读取包头中的源 MAC 地址，从而获知源 MAC 地址的机器是连在哪个端口上。接着读取包头中的目的 MAC 地址，并在地址表中查找相应的端口，若表中存在与此目的 MAC 地址对应的端口，则把数据包直接复制到相应端口上，若表中找不到相应的端口，则把数据包广播到所有端口上，当目的机器对源机器回应时，交换机便可以学习到这一目的 MAC 地址与哪个端口对应，在下次传送数据时就不再需要对所有端口进行广播了。

二层交换机不断地循环这个过程，可以学习到整个网络的 MAC 地址信息，从而建立和维护自己的地址表。

同时可以用专门的网管软件进行集中管理。除此之外，交换机为了提高数据交换的速度和效率，一般支持多种方式。

（1）存储转发法

所有常规网桥都使用这种方法。它们在将数据帧发往其他端口之前，要把收到的帧完全存储在内部的存储器中，对其检验后再发往其他端口，这样其延时等于接收一个完整的数据帧的时间及处理时间的总和。如果级联很长时，会导致严重的性能问题，但这种方法可以过滤掉错误的数据帧。

（2）切入法

这种方法只检验数据帧的目标地址，这使数据帧几乎马上就可以传出去，从而大大缩短了延时。其缺点是错误帧也会被传出去。错误帧的概率较小的情况下，可以采用切入法以提高传输速度。而错误帧的概率较大的情况下，可以采用存储转发法 / 以减少错误帧的重传。

2．交换机的端口识别（类型）

以 Cisco 交换机为例。

以太网端口有三种链路类型：Access、Trunk、Hybird。

Access 类型的端口只能属于一个 VLAN，一般用于连接计算机的端口。

Trunk 类型的端口可以允许多个 VLAN 通过，可以接收和发送多个 VLAN 的报文，一般用于交换机之间连接的端口。

Hybrid 类型的端口可以允许多个 VLAN 通过，可以接收和发送多个 VLAN 的报文，可以用于交换机之间连接，也可以用于连接用户的计算机。

Hybrid 端口和 Trunk 端口在接收数据时，处理方法是一样的，唯一不同之处在于发送数据时，Hybrid 端口可以允许多个 VLAN 的报文发送时不打标签，而 Trunk 端口只允许缺省 VLAN 的报文发送时不打标签。

3．IP 编址与子网划分

（1）IP 编址

TCP/IP 协议栈中的 IP 协议为标识主机而采用的地址格式，该地址由 32 位(4B)无符号二进制数表示。这种互联网上通用的地址称为 IP 地址，IP 地址由 IP 地址管理机构进行统一管理和分配，以保证互联网上运行的设备（如主机、路由器等）不会产生地址冲突。

在互联网上，主机可以利用 IP 地址来标识。严格地讲，IP 地址指定的不是一台计算机，而是计算机到一个网络的连接。因此，具有多个网络连接的互联网设备就应具有多个 IP 地址。在实际应用中，还可以将多个 IP 地址绑定到一条物理连接上，使一条物理连接具有多个 IP 地址。

① IP 地址的组成　互联网是具有层次结构的，一个互联网包括了多个网络，每一个网络又包括了多台主机。与互联网的层次结构对应，互联网使用的 IP 地址也采用了层次结构。

a．组成　IP 地址由网络号(Net ID)和主机号(Host ID)两个层次组成。网络号用来标识互联网中的一个特定网络，而主机号则用来表示该网络中主机的一个特定连接。因此，IP 地址的编址方式明显地携带了位置信息。如果给出一个具体的 IP 地址，立刻就可以知道它位于哪个网络，这给 IP 互联网的路由选择带来很大好处。

b．优点　给出 IP 地址就能知道它位于哪个网络，因此路由比较简单。

c．缺点　主机在网络间移动，IP 地址必须跟随变化。事实上，由于 IP 地址不仅包含了主机本身的地址信息，而且还包含了主机所在网络的地址信息，因此，在将主机从一个网络移到另一个网络时，主机 IP 地址必须进行修改以正确地反映这个变化。

② IP 地址的划分　在长度为 32 位的 IP 地址中，只有明确其网络号和主机号，才能确定其通信地址；同时当地址长度确定后，网络号长度又将决定整个互联网中能包含多少个网络，主机号长度则决定每个网络能容纳多少台主机。

根据 TCP/IP 协议规定，IP 地址由 32 位组成，它们被划分为 3 个部分：地址类别、网络号和主机号。

在互联网中，网络数是一个难以确定的因素，而不同种类的网络规模也相差很大。有的网络具有成千上万台主机，而有的网络仅仅有几台主机。为了适应各种网络规模的不同，IP 协议将 IP 地址划分为五类网络(A、B、C、D 和 E)，它们分别使用 IP 地址的前几位(地址类别)加以区分。常用的为 A、B、C 三类。

A 类：以第一字节的 0 开始，7 位表示网络号(0～126)，后 24 位表示主机号。

B 类：以第一字节的 10 开始，14 位表示网络号(128～191)，后 16 位表示主机号。

C 类：以第一字节的 110 开始，21 位表示网络号(192～223)，后 8 位表示主机号。

D 类：以第一字节的 1110 开始，用于因特网多播。

E 类：以第一字节的 11110 开始，保留为今后扩展使用。

00000000(0)、01111111(127)、11111111(255)有特殊的用法。

IP 地址的分类是经过精心设计的，它能适应不同的网络规模，具有一定的灵活性。

③ IP 地址的直观表示法　IP 地址由 32 位二进制数值组成，但为了方便用户的理解和记忆，它采用了点分十进制标记法，即将 4 字节的二进制数值转换成 4 个十进制数值，每个数值小于或等于 255，数值中间用"."隔开，表示成 w.x.y.z 的形式。

例如二进制 IP 地址：

字节 1　　字节 2　　字节 3　　字节 4

11001010 01011101 01111000 00101100

用点分十进制表示法表示成：202.93.120.44。

④ 特殊的 IP 地址形式　IP 地址除了可以表示主机的一个物理连接外，还有几种特殊的表现形式。

a. 网络地址　在互联网中，经常需要使用网络地址，IP 地址方案规定，网络地址包含了一个有效的网络号和一个全"0"的主机号。

例如，地址 113.0.0.0 就表示该网络是一个 A 类网络的网络地址，而一个具有 IP 地址为 202.100.100.2 的主机所处的网络地址为 202.100.100.0，它是一个 C 类网络，其主机号为 2。

b. 广播地址　当一个设备向网络上所有的设备发送数据时，就产生了广播。为了使网络上所有设备能够注意到这样一个广播，必须使用一个可进行识别和侦听的 IP 地址。通常，这样的 IP 地址以全"1"结尾。

c. 回送地址　A 类网络地址 127.0.0.0 是一个保留地址，用于网络软件测试以及本地机器进程间通信。这个 IP 地址称为回送地址(Loop Back Address)。无论什么程序，一旦使用回送地址发送数据，协议软件不进行任何网络传输，立即将之返回。因此，含有网络号 127 的数据报不可能出现在任何网络上。

（2）子网掩码

对于标准的 IP 地址而言，网络的类别可以通过它的前几位进行判定。而对于子网编址来说，为了知道 IP 地址中哪些位表示网络、子网和主机，子网编址使用了子网掩码(或称为子网屏蔽码)。子网掩码也采用了 32 位二进制数值，分别对应 IP 地址的 32 位二进制数值。

IP 协议规定，在子网掩码中，与 IP 地址的网络号和子网号部分相对应的位用"1"来表示，与 IP 地址的主机号部分相对应的位用"0"表示。将一台主机的 IP 地址和它的子网掩码按位进行"与"运算，就可以判断出 IP 地址中哪些位表示网络和子网，哪些位表示主机。

例如，给出一个经过子网编址的 C 类 IP 地址 193.222.254.198，并不知道在子网划分时到底借用了几位主机号来表示子网，但如果给出它的子网掩码 255.255.255.192 后，就可以根据与子网掩码中"1"相对应的位表示网络的规定，得到该子网划分借用了 2 位来表示子网，并且该 IP 地址所处的子网号为 2。

（3）子网划分

子网规划和 IP 地址分配在网络规划中占有重要地位。在划分子网之前，应确定所需要的子网数和每个子网的最大主机数，在选择子网号和主机号时应使子网号部分产生足够的子网，而主机号部分能容纳足够的主机。有了这些信息后，就可以定义每个子网的子网掩码、网络地址(含网络号和子网号)的范围和主机号的范围。

① 划分子网的步骤

a. 确定需要多少子网号来唯一标识网络上的每一个子网。

b. 确定需要多少主机号来标识每个子网上的每台主机。

c. 定义一个符合网络要求的子网掩码。

d. 确定标识每一个子网的网络地址。

e. 确定每一个子网上所使用的主机地址的范围。

② B、C 类网络子网划分

a. B 类网络子网划分　如果选择 B 类子网，可以按照表 7-1 所描述的子网位数、子网掩码、可容纳的子网数和主机数对应关系进行子网规划和划分。

表 7-1　B 类网络子网划分关系表

子网位数	子网掩码	子网数	主机数
2	255.255.192.0	2	16382
3	255.255.224.0	6	8190
4	255.255.240.0	14	4094
5	255.255.248.0	30	2046
7	255.255.254.0	126	510
8	255.255.255.0	254	254
9	255.255.255.128	510	126
10	255.255.255.192	1022	62
11	255.255.255.224	2046	30
12	255.255.255.240	4094	14
13	255.255.255.248	8190	6
14	255.255.255.252	16382	2

b. C 类网络子网划分　如果选择 B 类子网，其子网位数、子网掩码、容纳的子网数和主机数的对应关系如表 7-2 所示。

表 7-2　C 类网络子网划分关系表

子网位数	子网掩码	子网数	主机数
2	255.255.255.192	2	62
3	255.255.255.224	6	30
4	255.255.255.240	14	14
5	255.255.255.248	30	6
6	255.255.255.252	62	2

c. 具体实例　一个网络被分配了一个 C 类地址 202.113.27.0。如果该网络需要 5 个子网组成，每个子网的计算机不超过 25 台，其划分过程如下。

每个子网都需要一个唯一的子网号来标识，即需要 5 个子网号。

因为每个子网的计算机不超过 25 台，考虑到使用路由器连接，因此需要至少 27 个主机号。

从表 7-2 中可以看出，选择子网掩码 255.255.255.224 可以满足要求，所对应的二进制地址是 1111111.11111111.11111111.11100000。

确定可用的网络地址：子网掩码确定后，便可以确定可以使用的子网号位数。在本例中，子网号的位数为 3，因此可能的组合为 000、001、010、011、100、101、110 和 111。根据子网划分的规则，除去 000 和 111，剩余 001、010、011、100、101 和 110 六个子网，因此所需 5 个子网的地址可分别选定为 202.113.27.32、202.113.27.64、202.113.27.96、202.113.27.128 和 202.113.27.160。

确定各个子网的主机地址范围见表 7-3。

表 7-3　各子网对应的主机地址范围

子网地址	主机地址范围
202.113.27.32	202.113.27.33~202.113.27.63
202.113.27.64	202.113.27.65~202.113.27.95
202.113.27.96	202.113.27.97~202.113.27.127
202.113.27.128	202.113.27.129~202.113.27.159
202.113.27.160	202.113.27.161~202.113.27.191

注意：进行子网互连的路由器也需要占用有效的 IP 地址，因此在计算网络或子网中需要使用的 IP 地址时，不要忘记连接该网络或子网的路由器。

【实训步骤】

1．组建 C/S 网络

实训拓扑图如图 7-1 所示。

具体步骤如下。

① 用双绞线把主机和交换机的某个端口相连。观察网卡和交换机相应端口指示灯的状态。

② 设置网卡的 TCP/IP 配置参数如图 7-2 所示。

服务器　　　　　　　　　　　　　　　客户端

图 7-1　交换机连接服务器和客户端

服务器：202.197.189.162。

客户端：202.197.189.130。

图 7-2 设置网卡参数

③ 在命令提示符下使用 ipconfig/all 命令查看网卡的 TCP/IP 配置信息，如图 7-3 所示。

图 7-3 查看网卡配置信息

④ 命令提示符下 ping 组内成员的 IP，保证能够 ping 通，如图 7-4 所示。

图 7-4 ping 组内成员

⑤ 安装客户端软件：cuteftp832pro，如图 7-5 所示。

图 7-5 安装 CuteFTP 8.3.2

请先安装英文原版软件 CuteFTP 8.3.2。

安装汉化包。

破解。

修改字体。

⑥ 使用 CuteFTP8.3.2，如图 7-6 所示。

图 7-6 运行 CuteFTP 8.3.2

⑦ 安装服务器软件：ServUSetup6200，如图 7-7 所示。

图 7-7 安装 ServUSetup6200

先安装英文原版软件 ServUSetup6200。

安装汉化包。

⑧ 使用：ServUSctup6200，如图 7-8 所示。

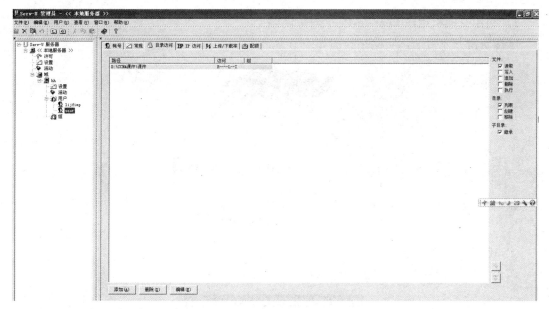

图 7-8　运行 ServUSetup6200

⑨ 进行上传下载，如图 7-9、图 7-10 所示。

图 7-9　输入用户名密码

图 7-10　上传下载界面

2．利用交换机组建 Peer-to-Peer 对等网络

掌握资源共享方法，实验拓扑图如 7-11 所示。

图 7-11　交换机连接两台 host

① 设置网卡的 TCP/IP 配置参数，如图 7-12 所示。

两台主机的 IP 地址为：202.197.189.162；202.197.189.130。

图 7-12　设置网卡参数

② 在命令提示符下使用 ipconfig/all 命令查看网卡的 TCP/IP 配置信息，如图 7-13 所示。

图 7-13　查看网卡配置信息

③ 命令提示符下 ping 组内成员的 IP，保证能够 ping 通，如图 7-14 所示。

图 7-14　测试两台主机的连通性

④ 文件及打印机共享。

步骤 1：确认所要共享的机器必须在同一个工作组内,如图 7-15 所示。

图 7-15　共享的机器在同一个工作组内

步骤 2：正确安装网络组件，如图 7-16、图 7-17 所示。

图 7-16　安装网络组件

图 7-17　启用 NetBIOS

步骤 3：打开必要的服务。

Computer Browser 服务：维护网络上的计算机列表。

TCP/IP NetBIOS Helper 服务：实现 NetBIOS 名字解析。

Server 服务：支持通过网络的文件和打印机共享。

步骤 4：确认启用了 Guest 用户（从账户管理中设置）；允许 Guest（来宾）账号从网络上访问（从"本地安全策略"→"本地策略"→"用户权力指派"中设置）。

步骤 5：确认正确设置了 Windows 防火墙和其他防火墙，如图 7-18 所示。

图 7-18　正确设置防火墙

步骤 6：共享打印机，如图 7-19 所示。

图 7-19　设置打印机共享

步骤 7：连接到共享打印机，如图 7-20 所示。

图 7-20 连接到共享打印机

【实训总结】

通过实验掌握利用交换机组建局域网的方法；理解交换机的端口类型和配置模式；能够使用交换机组建对等网及 C/S 网络，并能够实现文件和打印机共享。本章的重点是对 IP 地址的理解以及如何划分子网。

【思考题】

1．利用交换机组建局域网，并实现文件和打印机共享。
2．利用 TFTP 实现文件的上传和下载。

实训项目八　使用 CLI 界面进行交换机的基本配置

【实训目的】

1. 掌握交换机各种操作模式的区别及其之间的切换。
2. 掌握交换机的基本配置方法和命令。
3. 学会管理交换机的配置文件。

【实训内容】

1. 切换交换机的不同模式并设置使能口令。
2. 配置交换机的基本信息。
3. 管理交换机的配置文件。

【实训环境】

两台 PC,一台交换机，两条网线，一条 console 线，实训拓扑图如图 8-1 所示。

图 8-1　实训拓扑图

说明：PC0 通过 console 线连接交换机的 console 口，进行带外管理配置；PC0 和 PC1 通过网线分别连接交换机的 FastEthernet0/1 和 FastEthernet0/2 接口，进行测试。

【理论基础】

1. 交换机的工作原理

交换机本质上是具有流量控制能力的多端口网桥，即传统的（二层）交换机。交换机工作在链路层，它的各个端口都具有桥接功能，每个端口可以连接一个 LAN 或一台高性能网站或服务器，能够通过自主学习来了解每个端口的设备连接情况。所有端口由专用处理器进行控制，并经过控制管理总线转发信息。

二层交换技术的发展比较成熟，可以识别数据包中的 MAC 地址信息，根据 MAC

地址进行转发，并将这些 MAC 地址与对应的端口记录在自己内部的一个地址表中，即 MAC 表。对每个收到的帧，交换机都会将帧头中的 MAC 地址和 MAC 表中的地址列表进行比对。如果找到匹配项，表中与 MAC 地址配对的端口号将用作帧的送出端口。

2．交换机的基本操作

（1）学习

MAC 表中必须填入 MAC 地址及其对应端口。学习过程使交换机在正常运行期间动态获取这些映射。当每个帧进入交换机时，交换机将会检查源 MAC 地址。通过查询过程，交换机将确定表中是否已经包含该 MAC 地址条目。如果未包含，交换机将使用源 MAC 地址在 MAC 地址表中新建一个条目，然后将地址与条目到达的端口进行配对。

（2）过期

通过学习过程获取的 MAC 表条目具有时间戳。时间戳用于从 MAC 表中删除旧条目。

（3）泛洪

如果交换机的 MAC 表中没有与收到帧的目的 MAC 地址的匹配项，将会泛洪此帧。泛洪指将帧发送到除帧进入接口之外的所有接口。

（4）选择性转发

选择性转发是检查帧的目的 MAC 地址后将帧从适当的端口转发出去的过程。

（5）过滤

在某些情况下，帧不会被转发。如交换机不会将帧转发到接收帧的端口；交换机将丢弃损坏；由于安全设置，交换机将阻挡发往/来自选定 MAC 地址或特定端口的帧。

3．交换机的结构

交换机的内部结构主要由中央处理器 CPU、各端口的内部接口电路和存储器组成。RAM/DRAM 是交换机的主存储器，用来存储和运行配置。非易失性 RAM（NVRAM）用来存储备份配置文件等。快闪存储器 Flash ROM 用来存储系统软件映像启动配置文件等；只读存储器 ROM 用来存储开机诊断程序、引导程序和操作系统软件。

4．Cisco Catalyst 2950 交换机介绍

Cisco Catalyst 2950 交换机，二层交换机，Catalyst 2950 系列包括 2950T-24、2950-24、2950-12 和 2950C-24 交换机。2950-24 交换机有 24 个 10/100 端口；2950-12 有 12 个 10/100 端口；2950T-24 有 24 个 10/100 端口和 2 个固定 10/100/1000 BaseT 上行链路端口； 2950C-24 有 24 个 10/100 端口和 2 个固定 100 BaseFX 上行链路端口。

Cisco Catalyst 2950 系列智能以太网交换机是一个固定配置、可堆叠的独立设备系列，提供了线速快速以太网和千兆位以太网连接，属于接入交换机，为中型网络和城域接入应用提供了智能服务。

5．交换机的管理方式

交换机的管理方式可以简单地分为带外管理（out-of-band）和带内管理（in-band）两种管理模式。带内管理是指网络的管理控制信息与用户网络的承载业务信息通过同一个逻辑信道传送，即占用业务带宽，如 Telnet 方式、Web 方式或 SNMP 方式等；而在带外管理模式中，网络的管理控制信息和用户网络的承载业务信息在不同的逻辑信道传送，也就是设备提供专门用于管理的带宽，如通过 console 口进行管理，交换机初次配置需要通过带外方式进行管理。

交换机的 CLI 操作模式主要有一般用户模式、特权用户模式、全局配置模式、接口配置模式和 VLAN 模式。

① 一般用户模式：用户进入 CLI 界面，首先进入的就是一般用户模式，提示符为"switch>"。该模式下，用户只能查看一些简单的信息，不能对交换机进行配置，所有交换机都支持一般用户模式。

② 特权用户模式：在一般用户模式下，输入"enable"命令，进入特权用户配置模式（若特权用户有口令，需要输入口令），提示符为"switch#"。所有交换机都支持特权用户配置模式，该模式下可以查看设备的配置信息。当用户在特权模式下，可使用"exit"命令退回上级模式——一般用户模式，或者使用"Ctrl+Z"快捷键也可退出该模式。

③ 全局配置模式：在特权用户配置模式下，输入"configuration terminal"命令，即可进入全局配置模式，提示符为"switch(config)#",该模式下可配置设备名字、划分 VLAN。

④ 接口配置模式：在全局配置模式下，输入"interface"命令进入相应的接口配置模式。二层交换机操作系统提供两种端口类型：CPU 端口和以太网端口。该模式下可以配置接口 IP 地址、设置端口属性等。

⑤ VLAN 配置模式：在全局配置模式，输入"vlan <vlan-id>"，进入相应 VLAN 配置模式，可以配置 VLAN 成员端口。

交换机命令行支持获取帮助信息、命令的简写、命令的自动补齐、快捷键功能。

【实训步骤】

在初始配置下，可以配置交换机的 IP 地址、enable 及 telnet 连接密码，使网络管理员可以通过带内管理方式进行管理。

通过交换机的 console 端口管理交换机，需要用控制线连接计算机的串口和交换机的 console 接口，然后通过"开始/程序/附件/通讯/超级终端"打开超级终端，端口属性设置为默认值，然后登录设备进行配置。

1．交换机各个配置模式间的切换及特权模式口令

```
Switch>enable                                          ! 进入特权用户模式
Switch#config terminal                                 ! 进入全局配置模式
Enter configuration commands, one per line.    End with CNTL/Z.
Switch(config)#interface fas                           ! 按 Tab 键补齐命令
Switch(config)#interface fastEthernet 0/1              ! 进入接口配置模式
Switch(config-if)#exit                                 ! 退回上级模式
Switch(config)#vlan 1                                  ! 进入 VALN 配置模式
Switch(config-vlan)#^Z                                 ! Ctrl+Z 退回到特权模式
Switch#
%SYS-5-CONFIG_I: Configured from console by console
Switch#?                                               ! 显示当前模式下能够执行的命令
Exec commands:
  <1-99>        Session number to resume
  clear         Reset functions
  clock         Manage the system clock
  configure     Enter configuration mode
  connect       Open a terminal connection
```

```
  copy          Copy from one file to another
  debug         Debugging functions (see also 'undebug')
  delete        Delete a file
  dir           List files on a filesystem
  disable       Turn off privileged commands
  disconnect    Disconnect an existing network connection
  enable        Turn on privileged commands
  erase         Erase a filesystem
  exit          Exit from the EXEC
  logout        Exit from the EXEC
  more          Display the contents of a file
  no            Disable debugging informations
  ping          Send echo messages
  reload        Halt and perform a cold restart
  resume        Resume an active network connection
  setup         Run the SETUP command facility
  --More--                                              ! 按 q 退出查询
Switch#show vlan                                        ! 显示 VLAN 信息

VLAN Name                        Status    Ports
---- -------------------------- --------- -------------------------------
1    default                    active     Fa0/1, Fa0/2, Fa0/3, Fa0/4
                                           Fa0/5, Fa0/6, Fa0/7, Fa0/8
                                           Fa0/9, Fa0/10, Fa0/11, Fa0/12
                                           Fa0/13, Fa0/14, Fa0/15, Fa0/16
                                           Fa0/17, Fa0/18, Fa0/19, Fa0/20
                                           Fa0/21, Fa0/22, Fa0/23, Fa0/24
1002 fddi-default               act/unsup
1003 token-ring-default         act/unsup
1004 fddinet-default            act/unsup
1005 trnet-default              act/unsup
```

VLAN	Type	SAID	MTU	Parent	RingNo	BridgeNo	Stp	BrdgMode	Trans1	Trans2
1	enet	100001	1500	-	-	-	-	-	0	0
1002	fddi	101002	1500	-	-	-	-	-	0	0
1003	tr	101003	1500	-	-	-	-	-	0	0
1004	fdnet	101004	1500	-	-	-	ieee	-	0	0
1005	trnet	101005	1500	-	-	-	ibm	-	0	0

```
Remote SPAN VLANs
Primary Secondary Type                 Ports
------- --------- ---------------- -------------------------------------------
Switch#configure ?                                     ! 查看命令后面的选项
  terminal   Configure from the terminal
  <cr>
Switch#configure terminal
Enter configuration commands, one per line.  End with CNTL/Z.
Switch(config)#enable password 000                     ! 设置特权模式口令
Switch(config)#exit
Switch# exit                                           ! 退回普通用户模式
Switch>
```

```
Switch>enable
Password:                                              ！需要输入口令
Switch#
```

2．配置交换机名字、地址等基本信息

```
Switch>enable
Switch#config term
Switch#config terminal
Enter configuration commands, one per line.    End with CNTL/Z.
Switch(config)#hostname 2950                            ！设置交换机的名字
2950(config)#
2950(config)#
2950(config)#interface fas                             ！按 Tab 键补齐命令
2950(config)#interface fastEthernet 0/1                ！进入交换机的 f0/1 接口
2950(config-if)#speed 100                              ！设置端口速率为 100Mbps
2950(config-if)#duplex half                            ！设置端口为半双工模式
2950(config-if)#exit
2950(config)#interface fastEthernet 0/2
2950(config-if)#speed 100
2950(config-if)#dup
2950(config-if)#duplex ?
   auto   Enable AUTO duplex configuration
   full   Force full duplex operation
   half   Force half-duplex operation
2950(config-if)#duplex full              ！设置交换机 f0/2 端口为全双工模式

%LINK-5-CHANGED: Interface FastEthernet0/2, changed state to down
%LINEPROTO-5-UPDOWN: Line   protocol   on   Interface   FastEthernet0/2,   changed   state   to
down2950(config-if)#
2950(config-if)#exit
2950(config)#exit
2950#
2950#show interfaces f0/1                              ！查看端口 f0/1 的信息
FastEthernet0/1 is up, line protocol is up (connected)    ！端口状态开启
   Hardware is Lance, address is 00d0.58b2.6d01 (bia 00d0.58b2.6d01)
  BW 100000 Kbit, DLY 1000 usec,
       reliability 255/255, txload 1/255, rxload 1/255
   Encapsulation ARPA, loopback not set
   Keepalive set (10 sec)
   Half-duplex, 100Mb/s                                ！半双工，100Mbps 速率
   input flow-control is off, output flow-control is off
2950#show interfaces f 0/2
FastEthernet0/2 is down, line protocol is down (disabled)   ！端口 f0/2 状态关闭
   Hardware is Lance, address is 00d0.58b2.6d02 (bia 00d0.58b2.6d02)
  BW 100000 Kbit, DLY 1000 usec,
       reliability 255/255, txload 1/255, rxload 1/255
   Encapsulation ARPA, loopback not set
   Keepalive set (10 sec)
   Full-duplex, 100Mb/s
2950(config)#interface f0/2
2950(config-if)#duplex half                            ！设置端口为半双工模式
   %LINK-5-CHANGED: Interface FastEthernet0/2, changed state to up   ！端口状态开启（因为连接的两台
主机网卡都是半双工模式，所以交换机的端口也必须配置成半双工模式，两端要一致，端口状态才会开启）
```

```
2950(config-if)#exit
2950(config)#interface vlan 1                    ! 进入交换机的 CPU 接口
2950(config-if)#ip address 192.168.1.1 255.255.255.0   ! 配置交换机地址
2950(config-if)#no shutdown                      ! 开启接口
%LINK-5-CHANGED: Interface Vlan1, changed state to up
%LINEPROTO-5-UPDOWN: Line protocol on Interface Vlan1, changed state to up
2950(config-if)#end                              !退回特权用户模式
2950#show version              ! 查看系统硬件配置、软件版本信息及引导信息
Cisco Internetwork Operating System Software
IOS (tm) C2950 Software (C2950-I6Q4L2-M), Version 12.1(22)EA4, RELEASE SOFTWARE(fc1)
Copyright (c) 1986-2005 by cisco Systems, Inc.
Compiled Wed 18-May-05 22:31 by jharirba
Image text-base: 0x80010000, data-base: 0x80562000

ROM: Bootstrap program is is C2950 boot loader

Switch uptime is 44 minutes, 39 seconds
System returned to ROM by power-on

Cisco WS-C2950-24 (RC32300) processor (revision C0) with 21039K bytes of memory.
Processor board ID FHK0610Z0WC
Last reset from system-reset
Running Standard Image
24 FastEthernet/IEEE 802.3 interface(s)

63488K bytes of flash-simulated non-volatile configuration memory.
Base ethernet MAC Address: 0050.0F34.038A
Motherboard assembly number: 73-5781-09
Power supply part number: 34-0965-01
Motherboard serial number: FOC061004SZ
Power supply serial number: DAB0609127D
Model revision number: C0
Motherboard revision number: A0
Model number: WS-C2950-24
System serial number: FHK0610Z0WC
Configuration register is 0xF
2950#show running-config                ! 查看交换机当前配置信息
Building configuration...

Current configuration : 1006 bytes
!
version 12.1
no service timestamps log datetime msec
no service timestamps debug datetime msec
no service password-encryption
!
hostname 2950
!
!
!
interface FastEthernet0/1
 duplex half
```

```
 speed 100
!
interface FastEthernet0/2
 duplex half
 speed 100
!
interface FastEthernet0/3
!
interface FastEthernet0/4
!
interface FastEthernet0/5
!
interface FastEthernet0/6
!
interface FastEthernet0/7
!
interface FastEthernet0/8
!
interface FastEthernet0/9
!
interface FastEthernet0/10
!
interface FastEthernet0/11
!
interface FastEthernet0/12
!
interface FastEthernet0/13
!
interface FastEthernet0/14
!
interface FastEthernet0/15
!
interface FastEthernet0/16
!
interface FastEthernet0/17
!
interface FastEthernet0/18
!
interface FastEthernet0/19
!
interface FastEthernet0/20
!
interface FastEthernet0/21
!
interface FastEthernet0/22
!
interface FastEthernet0/23
!
interface FastEthernet0/24
!
interface Vlan1
 ip address 192.168.1.1 255.255.255.0
```

```
!
!
line con 0
!
line vty 0 4
  login
line vty 5 15
  login
!
!
end
2950#
```

3．设置 telnet 登录密码

```
2950(config)#line
2950(config)#line vty 0 4              ！设置登录设备的用户个数
2950(config-line)#login
% Login disabled on line 1, until 'password' is set
% Login disabled on line 2, until 'password' is set
% Login disabled on line 3, until 'password' is set
% Login disabled on line 4, until 'password' is set
% Login disabled on line 5, until 'password' is set
2950(config-line)#pass
2950(config-line)#password abc                  ！设置 telnet 口令
2950(config-line)#
```

4．保存交换机的配置信息

```
2950#copy running-config star
2950#copy running-config startup-config      !保存配置文件
Destination filename [startup-config]? y
%Error copying nvram:y (Invalid argument)
2950#wr
2950#write
Building configuration...
[OK]
2950#rel
2950#reload                                ！ 重启系统
Proceed with reload?[confirm]y
2950>en                                    ！重启系统后，配置信息存在
2950#show run
2950#show running-config
Building configuration...

Current configuration : 1029 bytes
!
version 12.1
no service timestamps log datetime msec
no service timestamps debug datetime msec
no service password-encryption
!
hostname 2950
!
```

```
ip name-server 0.0.0.0
!
!
interface FastEthernet0/1
 duplex half
 speed 100
!
interface FastEthernet0/2
 duplex half
 speed 100
!
--More--
```

running-config 指的是当前正在运行的配置信息，这些信息保存在 RAM 中，设备重启或断电，该信息丢失；通过 copy running-config startup-config 命令，将 RAM 中的信息保存在 NVRAM 中，NVRAM 掉电信息不丢失。当设备重启时，将运行 NVRAM 中的配置信息。

5．配置主机的地址并测试连通性

配置 PC0：IP 为 192.168.1.2 ，掩码为 255.255.255.0。

配置 PC1: IP 为 192.168.1.3 ，掩码为 255.255.255.0。

① 在 PC1 主机通过 ping 测试和交换机、PC0 的连通性，如图 8-2 所示。

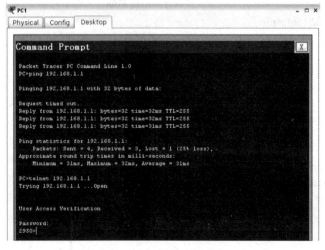

图 8-2　ping 测试界面

② PC1 主机通过 telnet 远程登录交换机，口令为 abc,登录界面如图 8-3 所示。

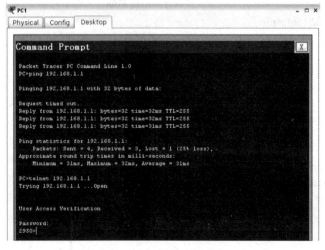

图 8-3　telnet 交换机

从测试结果看，主机之间可以 ping 通，主机和交换机也可以 ping 通，交换机有了 IP 地址，主机可以通过带内管理方式配置交换机。

6．管理交换机的配置文件

对交换机做好相应的配置之后，明智的管理员会把运行稳定的配置文件和系统文件从交换机里复制出来并保存在稳妥的地方，防止日后如果交换机出了故障导致配置文件丢失的情况出现。

备份配置文件和系统文件，当交换机被清空后，可以直接把备份的文件下载到交换机上，避免重新配置的麻烦。

交换机文件的备份需要采用 TFTP 服务器（或 FTP 服务器），这也是目前最流行的上传下载的方法。

TFTP(Trivial File Transfer Protocol）/FTP(File Transfer Protocol)都是文件传输协议，在 TCP/IP 协议族中处于第四层，即属于应用层协议，主要用于主机之间、主机与交换机之间传输文件。它们都采用客户机-服务器模式进行文件传输。

TFTP 承载在 UDP 之上，提供不可靠的数据流传输服务，同时也不提供用户认证机制以及根据用户权限提供对文件操作授权；它通过发送包文、应答方式、加上超时重传方式来保证数据的正确传输。TFTP 提供简单的、开销不大的文件传输服务。

FTP 承载于 TCP 之上，提供可靠的面向连接数据流的传输服务，但它不提供文件存取授权，以及简单的认证机制（通过明文传输用户名和密码来实现认证）。FTP 在进行文件传输时，客户机和服务器之间要建立两个连接：控制连接和数据连接。首先由 FTP 客户机发出传送请求，与服务器的 21 端口建立控制连接，通过控制连接来协商数据连接。

由此可见，两种方式因其不同的特点而有其不同的应用环境，局域网内备份和升级可以采用 TFTP 方式，广域网中备份和升级则最好使用 FTP 方式。

管理交换机的配置文件的具体步骤如下。

步骤 1：配置 TFTP 服务器。

在这里使用 Cisco TFTP Server 来配置 TFTP 服务器。

在对思科设备进行 IOS 升级时，首先要建立 TFTP 服务器。建立 TFTP 服务器并不复杂，对硬件的要求也不高，因为 TFTP 服务器占用的系统资源很少。对思科设备升级 IOS 可以使用思科公司自己的 TFTP 服务器软件（Cisco TFTP Server，下载地址 http://www.boweiinfo.com/cisco-tftp-server-download.html）。

Cisco TFTP 服务器的安装很简单，甚至不用安装就可以使用，所以安装过程就不介绍了，安装好的 Cisco TFTP 服务器的界面如图 8-4 所示。

图 8-4　Cisco TFTP 服务器界面

下面主要介绍一下 Cisco TFTP Server 安装完后如何进行设置。

运行 Cisco TFTP 服务器后，程序界面的标题栏上会提示 TFTP 服务器的 IP 地址，如果安装 Cisco TFTP 服务器的计算机 IP 地址是 192.168.0.1，那么标题栏上就会显示"思科 TFTP 服务器（192.168.0.1）"，标题栏后边的路径地址是 IOS 的默认保存路径。这里显示的 IP 地址是 192.168.0.2。

在 Cisco TFTP 服务器程序界面上的四个菜单栏中选择"查看(V)"，然后在出现的下拉菜单中选择"选项(O)"，这时会弹出一个对话框，在这个弹出框中设置需要设置的参数，如图 8-5 所示。

图 8-5　设置参数

需要修改的参数有两个：一个参数是"TFTP 服务器根目录"，这个目录（默认为安装路径）用来存放 IOS 文件和设备配置文件，从设备中复制或者要复制到设备中去的文件，都要放到指定的 TFTP 服务器根目录下；另一个参数是"显示文件传输进程"选项，如果勾选这个选项，那么在复制文件到网络设备时，Cisco TFTP 服务器程序会在界面上显示传输速率，但是在 WindowsXP 或 Win2003 操作系统中会出现 BUG（进程会中断），因此在这两种系统中使用 Cisco TFTP 服务器时要关闭这个选项。

修改完这两个参数后，Cisco TFTP 服务器就可以使用了。有一点要注意：文件传输过程中不能关闭 Cisco TFTP 服务器程序。

按上述方法配置好 TFTP 服务器后，就可以为思科设备升级 IOS 了。

步骤 2：给交换机设置 IP 地址。

switch#config

switch(Config)#interface vlan1

switch(Config-If-Vlan1)#ip address 192.168.1.100 255.255.255.0

switch(Config-If-Vlan1)#no shutdown

switch(Config-If-Vlan1)#

步骤 3：验证主机与交换机是否连通（这一步非常重要）。

switch#ping 192.168.1.101

type^c to abort.

sending 5 56-byte ICMP Echos to 192.168.1.101,timeout is 2 seconds.

!!!!!

success rate is 100 percent(5/5),round-trip min/avg/max=0/0/0ms

switch#

步骤 4：查看需要备份的文件。

switch#show flash

file name   file length

nos.img   1971486 bytes //系统文件

startup-config 0 bytes   //该配置文件需要保存

running-config 865bytes   //该文件和 tartup-config 是一样的

switch#

步骤 5：备份配置文件。

switch#copy startup-config tftp://192.168.1.101/startup1

Confirm[Y/N]:y

begin to send file,wait…

file transfers complete

close tftp client

Switch#

验证是否成功：

① 查看 TFTP 服务器的日志。

② 到 TFTP 服务器根目录看看文件在不在，大小是否一样。

步骤 6：备份系统文件。

switch#copy nos.img tftp://192.168.1.101/nos.img

Confirm[Y/N]:y

nos.img file length=1971486

read file ok

begin to send file,wait…

###
###
###
###
###

file transfers complete

close tftp client

switch#

步骤 7：对当前的配置进行修改并保存。

switch#config

switch(Config)#hostname 123

123(Config)#exit

123#wr

123#   //交换机已经修改了

步骤 8：下载配置文件。

123#copy tftp://192.168.1.101/startup1 startup-config

Confirm[Y/N]:y

Begin to receive file,wait…

Recv 865

Write ok

Transfer complete

Close tftp client

123#

步骤 9：重新启动并验证是否已经还原。

Reload

重新启动后，标识符是"switch"，表明实验成功。

步骤 10：交换机升级。

需要先下载升级包到 TFTP 服务器。

【实训总结】

本实训通过 Cisco Catalyst 2950 交换机，练习了交换机的配置模式、配置命令和配置方法。对于交换机的首次配置，要通过 console 口进行配置 IP 地址等参数后，才能进行通过带内方式进行管理。

通过本实训，可以思考以下问题：

① 当组建局域网需要多台交换机时，如何连接多台交换机，哪种方式好？

② 为了保证后面学生正常使用设备，如何将设备恢复出厂设置？

③ 使用 Packet Tracer 模拟软件搭建模拟环境，并完成本实验。

实训项目九　交换机端口隔离与跨交换机实现 VLAN

【实训目的】

1. 掌握通过划分 Port VLAN 来实现交换机的端口隔离。
2. 掌握跨交换机的 VLAN 划分。

【实训内容】

如图 9-1 所示。

图 9-1　实训内容

【实训环境】

两台 PC，三台交换机，四条网线。

【理论基础】

VLAN 命令如下。

（1）创建 VLAN

vlan <vlan-id>

命令模式：全局配置模式。

缺省情况：交换机缺省，只有 VLAN1。

使用指南：VLAN1 为交换机的缺省 VLAN，用户不能配置和删除 VLAN1。允许配置 VLAN 的总共数量为 4094 个。

举例：创建 VLAN100，并且进入 VLAN100 的配置模式。

test(Config)#vlan 100
test(Config-Vlan100)#

（2）删除 VLAN100

test(Config)# no vlan 100

（3）命名 VLAN

name <vlan-name>

命令模式：VLAN 配置模式。

缺省情况：VLAN 缺省，VLAN 名称为 vlanXXX，其中 XXX 为 VID。

使用指南：交换机提供为不同的 VLAN 指定名称的功能，有助于用户记忆 VLAN，方便管理。

举例：为 VLAN100 指定名称为 TestVlan。

test(Config-Vlan100)#name TestVlan

（4）将某个端口加入指定 VLAN

switchport access vlan <vlan-id>

no switchport access vlan

功能：将当前 Access 端口加入到指定 VLAN；本命令 no 操作为将当前端口从 VLAN 里删除。

参数：<vlan-id>为当前端口要加入的 vlanVID，取值范围为 1～4094。

命令模式：接口配置模式。

缺省情况：所有端口默认属于 VLAN1。

使用指南： 只有属于 Access mode 的端口才能加入到指定的 VLAN 中，并且 Access 端口同时只能加入到一个 VLAN 里去。

举例：设置 fastEthernet 0/2 端口为 Access 端口并加入 VLAN2。

test(config)# int fastEthernet 0/2

test(config-if)# switchport mode access

test(config-if)# switchport access vlan 2

举例： 设置 fastEthernet 0/5～7 端口为 Access 端口并加入 VLAN100。

test(config)#int range fastEthernet 0/5-7

test(config-if-range)# switchport mode access

test(config-if-range)# switchport access vlan 100

（5）更改端口的 VLAN-ID

举例： 将 fastEthernet 0/7 端口改为 VLAN2。

test(config)#int fa0/7

test(config-if)# switchport access vlan 2

（6）设置端口的 VLAN 模式

test(config-if)#switchport mode ?

access   Set trunking mode to ACCESS unconditionally

dynamic   Set trunking mode to dynamically negotiate access or trunk mode

trunk   Set trunking mode to TRUNK unconditionally

参数：trunk 表示端口允许通过多个 VLAN 的流量；access 为端口只能属于一个 VLAN；dynamic 表示为动态协商模式。

命令模式：接口配置模式。

使用指南：工作在 trunk 模式下的端口称为 Trunk 端口，Trunk 端口可以通过多个 VLAN 的流量，通过 Trunk 端口之间的互连，可以实现不同交换机上的相同 VLAN 的互通；工作在 access 模式下的端口称为 Access 端口，Access 端口可以分配给一个 VLAN，并且同时只能分配给一个 VLAN。

举例：将端口 8 设置为 trunk 模式，端口 5 设置为 access 模式。

test(config-if)#int fa0/8

test(config-if)# switchport mode trunk

test(config-if)#int fa0/5

test(config-if)# switchport mode access

（7）设置 Trunk 端口允许通过 VLAN

switchport trunk allowed vlan {all} add {<vlan-list>}

参数：<vlan-list>为允许在该 Trunk 端口上通过的 VLAN 列表；all 关键字表示允许该 Trunk 端口通过所有 VLAN 的流量。

命令模式：接口配置模式。

缺省情况：Trunk 端口缺省，允许通过所有 VLAN。

使用指南：用户可以通过本命令设置哪些 VLAN 的流量通过 Trunk 端口，没有包含的 VLAN 流量则被禁止。

举例：设置 Trunk 端口允许通过所有 VLAN 的流量。

test(config-if)#int fa0/8
test(config-if)# switchport mode trunk
test(config-if)#switchport trunk allowed vlan all

举例：设置 Trunk 端口允许通过 VLAN5～20 的流量。

test(config-if)#int fa0/8
test(config-if)# switchport mode trunk
test(config-if)#switchport trunk allowed vlan add 5-20。

（8）配置本征 VLAN

switchport trunk native vlan <vlan-id>
no switchport trunk native vlan

功能：设置 Trunk 端口的 PVID；本命令的 no 操作为恢复缺省值。

参数：<vlan-id>为 Trunk 端口的 PVID。

命令模式：接口配置模式。

缺省情况：Trunk 端口默认的 PVID 为 1。

使用指南：在 802.1Q 中定义了 PVID 这个概念，Trunk 端口的 PVID 的作用是当一个 untagged 的帧进入 Trunk 端口，端口会对这个 untagged 帧打上带有设置的 native PVID 的 tag 标记，用于 VLAN 的转发。

举例：设置某 Trunk 端口的 native vlan 为 100。

test(config-if)#int fa0/8
test(config-if)#switchport trunk native vlan 100

（9）查看 VLAN 及所属端口

show vlan [brief|private-vlan] [id <vlan-id>] [name <vlan-name>] [summary]

功能：显示所有 VLAN 或者指定 VLAN 的详细状态信息。

参数：brief 简要信息；private-vlan 显示 private vlan 信息；<vlan-id>为指定要显示状态信息的 VLAN 的 VLAN ID，取值范围 1～4094；<vlan-name>为指定要显示状态信息的 VLAN 的 VLAN 名，长度为 1～11；summary 显示所有已建立的 VLAN ID。

举例：

test#show vlan

VLAN	Name	Status	Ports
1	default	active	Fa0/1, Fa0/3, Fa0/4, Fa0/8
			Fa0/9, Fa0/10, Fa0/11, Fa0/12
			Fa0/13, Fa0/14, Fa0/15, Fa0/16
			Fa0/17, Fa0/18, Fa0/19, Fa0/20
			Fa0/21, Fa0/22, Fa0/23, Fa0/24
			Gig1/1, Gig1/2
2	VLAN0002	active	Fa0/2, Fa0/7

100	VLAN0100	active	Fa0/5, Fa0/6
1002	fddi-default	active	
1003	token-ring-default	active	
1004	fddinet-default	active	
1005	trnet-default	active	

【实训步骤】

1. 创建 VLAN

交换机是某宽带小区住宅楼的一台楼道交换机，住户 PC1 连接在交换机的 0/5 口，住户 PC2 连接在交换机的 0/15 口，现需要实现各家各户的端口隔离。

拓扑图如图 9-2。

图 9-2　拓扑图（一）

步骤 1：在未划分 VLAN 前，两台 PC 互相 ping 可以通（PC2 的 IP 是 172.16.3.9）。

PC1：C:\Documents and Settings\Administrator>ping 172.16.3.9

Pinging 172.16.3.9 with 32 bytes of data:
Reply from 172.16.3.9: bytes=32 time<1ms TTL=64
Reply from 172.16.3.9: bytes=32 time<1ms TTL=64
Reply from 172.16.3.9: bytes=32 time<1ms TTL=64
Reply from 172.16.3.9: bytes=32 time<1ms TTL=64

Ping statistics for 172.16.3.9:
　　Packets: Sent = 4, Received = 4, Lost = 0 (0% loss),
Approximate round trip times in milli-seconds:
　　Minimum = 0ms, Maximum = 0ms, Average = 0ms

步骤 2：创建 VLAN，将端口分配到 VLAN。

```
switch#conf t
switch(config)#vlan 10                          //创建 VLAN10
switch(config)#interface fastEthernet 0/5
switch(config-if)#switchport mode access        //确定端口模式为 access
switch(config-if)#switchport access vlan 10     //将 0/5 端口加入 VLAN10 中
switch(config-if)#exit
switch(config)#vlan 20                           //创建 VLAN20
switch(config)#interface fastEthernet 0/15
switch(config-if)#switchport mode access         //确定端口模式为 access
switch(config-if)#switchport access vlan 20      //将 0/15 端口加入 VLAN20 中
switch(config-if)#exit
switch(config)#end
switch#show vlan
```

VLAN	Name	Status	Ports
1	default	active	Fa0/11,Fa0/12,Fa0/13
			Fa0/14,Fa0/15,Fa0/16
			Fa0/17,Fa0/18,Fa0/19
			Fa0/20,Fa0/21,Fa0/22
			Fa0/23,Fa0/24
10	VLAN0010	active	Fa0/1 ,Fa0/2 ,Fa0/3
			Fa0/4 ,Fa0/5
20	VLAN0020	active	Fa0/6 ,Fa0/7 ,Fa0/8
			Fa0/9 ,Fa0/10

步骤 3：测试两台 PC 互相 ping 不通。

PC1: C:\Documents and Settings\Administrator>ping 172.16.3.9

Pinging 172.16.3.9 with 32 bytes of data:

Request timed out.

Request timed out.

Request timed out.

Request timed out.

2. 跨交换机实现 VLAN

教学楼有两层，分别是一年级和二年级，每个楼层都有一台交换机满足老师上网需求；每个年级都有英语教研组和数学教研组；两个年级的英语教研组的计算机可以互相访问；两个年级的数学教研组的计算机可以互相访问；英语教研组和数学教研组的计算机之间不可以自由访问。现通过划分 VLAN 使英语教研组和数学教研组之间不可以自由访问。

拓扑图如图 9-3 所示。

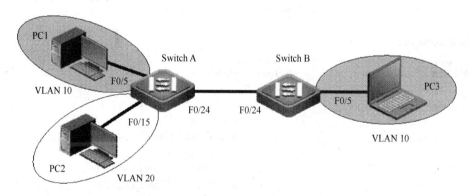

图 9-3　拓扑图（二）

步骤 1：在交换机 SwitchA 上创建 VLAN 10，并将 0/5 口划分到 VLAN10 中。

SwitchA#configure terminal

SwitchA(config)#vlan 10

SwitchA(config-vlan)#exit

SwitchA(config)#interface fastEthernet 0/5

SwitchA(config-if)#switchport access vlan 10

步骤 2：在交换机 SwitchA 上创建 VLAN20，并将 0/15 口划分到 VLAN20 中。

witchA(config)#vlan 20

SwitchA(config-vlan)#exit

SwitchA(config)#interface fastEthernet 0/15

SwitchA(config-if)#switchport access vlan 20

步骤 3：把交换机 SwitchA 与交换机 SwitchB 相连的端口定义为 Truck 模式。

```
switchA(config)#interface fastEthernet 0/24
switchA(config-if)#switchport mode trunk

switchB(config)#interface fastEthernet 0/24
switchB(config-if)#switchport mode trunk
```

步骤 4：在交换机 SwitchB 上创建 VLAN 10，并将 0/5 口划分到 VLAN10 中。

```
SwitchB#configure terminal
SwitchB(config)#vlan 10
SwitchB(config-vlan)#exit
SwitchB(config)#interface fastEthernet 0/5
SwitchB(config-if)#switchport access vlan 10
```

查看配置：

```
switchA#show vlan
```

VLAN	Name	Status	Ports
1	default	active	Fa0/1 ,Fa0/2 ,Fa0/3 ,Fa0/4
			Fa0/6 ,Fa0/7 ,Fa0/8
			Fa0/9 ,Fa0/10,Fa0/11,Fa0/12
			Fa0/13,Fa0/14, Fa0/16
			Fa0/17,Fa0/18,Fa0/19,Fa0/20
			Fa0/21,Fa0/22,Fa0/23,Fa0/24
			Gi1/1
10	10	active	Fa0/5 ,Fa0/24
20	20	active	Fa0/15, Fa0/24

```
switchB#show vlan
```

VLAN	Name	Status	Ports
1	default	active	Fa0/1 ,Fa0/2 ,Fa0/3 ,Fa0/4
			Fa0/6 ,Fa0/7 ,Fa0/8
			Fa0/9 ,Fa0/10,Fa0/11,Fa0/12
			Fa0/13,Fa0/14, Fa0/16
			Fa0/17,Fa0/18,Fa0/19,Fa0/20
			Fa0/21,Fa0/22,Fa0/23,Fa0/24
			Gi1/1
10	10	active	Fa0/5 ,Fa0/24

步骤 5：验证 PC1 与 PC3 能相互通信，但 PC2 和 PC3 不能互相通信（PC1 的 IP 是 172.16.8.6；PC2 的 IP 是 172.16.8.9）。

```
C:\Documents and Settings\Administrator>ping 172.16.8.6

Pinging 172.16.8.6 with 32 bytes of data:

Reply from 172.16.8.6: bytes=32 time<1ms TTL=64
Reply from 172.16.8.6: bytes=32 time<1ms TTL=64
Reply from 172.16.8.6: bytes=32 time<1ms TTL=64
Reply from 172.16.8.6: bytes=32 time<1ms TTL=64

Ping statistics for 172.16.8.6:
```

Packets: Sent = 4, Received = 4, Lost = 0 (0% loss),
Approximate round trip times in milli-seconds:
  Minimum = 0ms, Maximum = 0ms, Average = 0ms

C:\Documents and Settings\Administrator>ping 172.16.8.9

Pinging 172.16.8.9 with 32 bytes of data:

Request timed out.
Request timed out.
Request timed out.
Request timed out.

Ping statistics for 172.16.8.9:
Packets: Sent = 4, Received = 0, Lost = 4 (100% loss),

【实训总结】

在配置过程中，需要注意以下几点。
① VLAN 1 属于系统的默认 VLAN，不可以被删除。
② 删除某个 VLAN 时，应先将属于该 VLAN 的端口加入到别的 VLAN，再删除。
③ 两台交换机之间的端口应该设置为 Tag VLAN 的传输。
④ Trunk 接口在默认情况下支持所有 VLAN 的传输。

【思考题】

1．Trunk、Access、Tagged、Untagged 这几个专业术语的关联与区别是什么？
2．Port VLAN 的配置方法是什么？
3．跨交换机之间 VLAN 的特点与配置方法分别是什么？

实训项目十　路由器端口及静态路由的配置

【实训目的】

1. 掌握路由器基本配置命令。
2. 掌握路由器基本配置参数的设置。
3. 掌握静态路由的配置。

【实训内容】

1. 练习路由器的基本配置命令。
2. 配置路由器接口参数。
3. 配置路由器的静态路由。

【实训环境】

两台 PC 机，两台路由器，一条 V.35DCE/DTE 电缆，两条 console 配置线，两条交叉线，实训拓扑图如图 10-1 所示。

图 10-1　实训拓扑图

说明：PC0 通过网线连接 Router0 的 f0/0 接口，通过 console 线连接 Router0 的 console 口；PC1 通过网线连接 Router1 的 f0/0 接口，通过 console 线连接 Router1 的 console 口；Router0 和 Router1 的 s2/0 接口通过串口线连接，Router0 为 DCE 端。

地址配置如下。

路由器 Router0 的 IP 地址：s2/0:10.10.10.1/24；f0/0:192.168.1.254/24。

路由器 Router1 的 IP 地址：s2/0:10.10.10.2/24；f0/0:192.168.2.254/24。

主机 PC0 的 IP 地址：192.168.1.1/24；网关：192.168.1.254。

主机 PC1 的 IP 地址：192.168.2.1/24；网关：192.168.2.254。

路由器串口之间链路协议为 PPP，通过配置设备接口参数及路由信息，使 PC0 和 PC1 之间能够正常通信。

【理论基础】

1．路由器的工作原理

路由器是工作在 OSI 模型第三层[即网路层，如 Internet Protocol(IP)层]的网络设备，用于不同网络之间的互连。

路由器的主要工作就是为经过路由器的每个数据包寻找一条最佳传输路径，并将该数据有效地传送到目的站点。由此可见，选择最佳路径的策略即路由算法是路由器的关键所在。为了完成这项工作，在路由器中保存着各种传输路径的相关数据——路由表（Routing Table），供路由选择时使用。路由表中保存着目的网络地址、路由度量值和下一跳地址等内容。路由器首先检查收到的数据包携带的目的 IP 地址的网络部分，然后和路由表中的路由条目进行匹配。如果匹配到合适的路由条目，就按该条目中的下一跳转发数据包，如果没有匹配到合适的路由条目，则丢弃数据包。

路由表中的每条路由信息，可以由管理员手工添加，称为静态路由；也可以通过路由协议在路由器之间自动学习获得，称为动态路由。本实训中将添加静态路由。

2．路由器的硬件组成

（1）中央处理器

和计算机一样，Cisco 路由器也包含一个中央处理器。不同系列和型号的路由器，其中的 CPU 也不相同。Cisco 路由器一般采用 Motorola68030 和 Orion/R4600 两种处理器。

路由器的 CPU 负责路由器的配置管理以及数据包的转发处理工作，如维护路由和桥接所需的各种表格以及路由决定等。路由器处理数据包的速度在很大程度上取决于 CPU 的处理速度。

（2）Cisco 存储器

Cisco 路由器一般由四种存储器组成。

第一种是 ROM：一般开机时按 Ctrl+Break 便可进入，相当于 PC 的 BIOS，路由器运行时首先要运行 ROM 中的程序，该程序主要进行加电自检，对路由器的硬件进行检测，其次含引导程序及 IOS 的一个最小子集。

第二种是 Flash：是一种可擦写、可编程的 ROM，它是存储 Cisco IOS 软件的地方，可以通过写入新版本的 IOS 对路由器进行软件升级，相当于计算机中的硬盘。

第三种是 NVRAM：主要目的是保存路由器的配置文件。

第四种是 DRAM：动态内存是程序运行的场地，相当于计算机的 RAM。DRAM 中主要包含路由表、ARP 缓存、数据包缓存等，以及正在执行的路由器配置文件。当路由器关机时，里面的内容会全部丢失。

通常，路由器启动时，首先运行 ROM 中的程序，进行系统自检和引导，然后运行 Flash 中的 IOS，并在 NVRAM 中寻找路由器的配置文件，将其装入 DRAM 启动。

【实训步骤】

1．设置路由器的名字、接口地址及带宽

一台新的路由器，首先需要计算机通过连接其 console 口进行配置。路由器的接口状态缺省是 down，需要手工开启。下面介绍如何配置路由器。

（1）路由器 Router0 的配置

Router>

Router>enable

Router#config terminal

Enter configuration commands, one per line.　End with CNTL/Z.

Router(config)#hostname router0　　　　　　　! 设置路由器的名字

router0(config)#

router0(config)#interface f 0/0

router0(config-if)#ip address 192.168.1.254 255.255.255.0　! 配置接口 f0/0 的地址

router0(config-if)#bandwidth 10000

router0(config-if)#duplex full　　　　　　　! 设置接口为全双工模式

router0(config-if)#no shut　　　　　　　　! 开启接口

%LINK-5-CHANGED: Interface FastEthernet0/0, changed state to up

%LINEPROTO-5-UPDOWN: Line protocol on Interface FastEthernet0/0, changed state to up

router0(config-if)#exit　　　　　　　　! 退回全局模式

router0(config)#interface s2/0　　　　　　! 进入串口 s2/0

router0(config-if)#ip address 10.10.10.1 255.255.255.0

router0(config-if)#no shut

%LINK-5-CHANGED: Interface Serial2/0, changed state to down　!串口需要两端接口配置一致，时钟设
置正确，状态才会 up

router0#show interfaces f0/0　　　　　　! 查看 f0/0 的状态

FastEthernet0/0 is up, line protocol is up (connected)

Hardware is Lance, address is 0060.5ce2.82bb (bia 0060.5ce2.82bb)

Internet address is 192.168.1.254/24　　　　　!f0/0 接口的地址

MTU 1500 bytes, BW 10000 Kbit, DLY 100 usec, !设置的带宽 10Mbit

（2）路由器 Router1 的配置

Router>enable

Router#config ter

Router#config terminal

Enter configuration commands, one per line.　End with CNTL/Z.

Router(config)#hostname router1

router1(config)#interface f0/0

router1(config-if)#ip address 192.168.2.254 255.255.255.0

router1(config-if)#bandwidth 10000　! 设置端口速率为 10Mbps

router1(config-if)#duplex full

router1(config-if)#no shut

%LINK-5-CHANGED: Interface FastEthernet0/0, changed state to up

router1(config-if)#

%LINEPROTO-5-UPDOWN: Line protocol on Interface FastEthernet0/0, changed state to up

router1(config-if)#exit

router1(config)#interface s2/0

router1(config-if)#ip address 10.10.10.2 255.255.255.0

router1(config-if)#no shut

%LINK-5-CHANGED: Interface Serial2/0, changed state to up　! 串口的状态也为 up

2．设置路由器时钟、接口封装 PPP 协议并启动接口

在串行链路上需要设置时钟使设备状态同步，设置时钟的一端称为 DCE 端。接头标有
FC 的串口线其连接的设备就是 DCE 端，在这里 DCE 是 Router0。下面介绍配置路由器的时

钟和接口协议。

（1）路由器 Router0 的配置

```
router0(config)#interface s 2/0
router0(config-if)#clock rate 64000
router0(config-if)#encapsulation ppp
router0(config-if)#end
router0#
```

（2）路由器 Router1 的配置

```
router1(config)#interface s2/0
router1(config-if)#encapsulation ppp
router1(config-if)#
%LINEPROTO-5-UPDOWN: Line protocol on Interface Serial2/0, changed state to up
router1#show interfaces s2/0                !查看接口状态
Serial2/0 is up, line protocol is up (connected)！两端配置协议相同，链路状态为 up
    Hardware is HD64570
    Internet address is 10.10.10.2/24
    MTU 1500 bytes, BW 128 Kbit, DLY 20000 usec,
        reliability 255/255, txload 1/255, rxload 1/255
    Encapsulation PPP, loopback not set, keepalive set (10 sec)
```

3．配置路由器路由信息

在没有配置路由信息之前，可以看到，路由器只能识别自己直连的路由，下面是路由器 Router0 的路由表。

（1）查看 Router0 的路由表

```
router0#show ip route
Codes: C - connected, S - static, I - IGRP, R - RIP, M - mobile, B - BGP
        D - EIGRP, EX - EIGRP external, O - OSPF, IA - OSPF inter area
        N1 - OSPF NSSA external type 1, N2 - OSPF NSSA external type 2
        E1 - OSPF external type 1, E2 - OSPF external type 2, E - EGP
        i - IS-IS, L1 - IS-IS level-1, L2 - IS-IS level-2, ia - IS-IS inter area
        * - candidate default, U - per-user static route, o - ODR
        P - periodic downloaded static route

Gateway of last resort is not set

        10.0.0.0/24 is subnetted, 1 subnets
C        10.10.10.0 is directly connected, Serial2/0
C     192.168.1.0/24 is directly connected, FastEthernet0/0
```

此时，PC0 是不能和 PC1 通信的，因为路由器 Router0 的路由表中没有 192.168.2.0 的路由信息，所以，当 Router0 收到目的地址为 192.168.2.0 的数据包时，处理动作时丢弃。同样，Router1 的路由表中也没有 192.168.1.0 的路由信息，当 Router1 收到目的地址为 192.168.1.0 的数据包时也丢弃。所以，需要在两台路由器上添加各自没有直连的网络的路由信息。

（2）配置 Router0 和 Router1 的静态路由

```
router0(config)#ip route 192.168.2.0 255.255.255.0 10.10.10.2   ！配置 Router0 上的静态路由
router1(config)#ip route 192.168.1.0 255.255.255.0 10.10.10.1   ！配置 Router1 上的静态路由
```

（3）查看配置结果

Router0 的路由表：

```
router0#show ip route
Codes: C - connected, S - static, I - IGRP, R - RIP, M - mobile, B - BGP
```

D - EIGRP, EX - EIGRP external, O - OSPF, IA - OSPF inter area
N1 - OSPF NSSA external type 1, N2 - OSPF NSSA external type 2
E1 - OSPF external type 1, E2 - OSPF external type 2, E - EGP
i - IS-IS, L1 - IS-IS level-1, L2 - IS-IS level-2, ia - IS-IS inter area
* - candidate default, U - per-user static route, o - ODR
P - periodic downloaded static route

Gateway of last resort is not set

10.0.0.0/24 is subnetted, 1 subnets
C   10.10.10.0 is directly connected, Serial2/0   ! 直连路由
C   192.168.1.0/24 is directly connected, FastEthernet0/0
S   192.168.2.0/24 [1/0] via 10.10.10.2

Router1 的路由表：

router1#show ip route
Codes: C - connected, S - static, I - IGRP, R - RIP, M - mobile, B - BGP
D - EIGRP, EX - EIGRP external, O - OSPF, IA - OSPF inter area
N1 - OSPF NSSA external type 1, N2 - OSPF NSSA external type 2
E1 - OSPF external type 1, E2 - OSPF external type 2, E - EGP
i - IS-IS, L1 - IS-IS level-1, L2 - IS-IS level-2, ia - IS-IS inter area
* - candidate default, U - per-user static route, o - ODR
P - periodic downloaded static route

Gateway of last resort is not set

10.0.0.0/24 is subnetted, 1 subnets
C   10.10.10.0 is directly connected, Serial2/0
S   192.168.1.0/24 [1/0] via 10.10.10.1   ! 静态路由
C   192.168.2.0/24 is directly connected, FastEthernet0/0

（4）测试路由器间的连通性

在 Router0 上测试结果如下：

router0#ping 10.10.10.2

Type escape sequence to abort.
Sending 5, 100-byte ICMP Echos to 10.10.10.2, timeout is 2 seconds:
!!!!!   ! 和 Router1 的串口通
Success rate is 100 percent (5/5), round-trip min/avg/max = 31/44/94 ms

router0#ping 192.168.2.254

Type escape sequence to abort.
Sending 5, 100-byte ICMP Echos to 192.168.2.254, timeout is 2 seconds:
!!!!!   ! 和 Router1 的以太网口也通
Success rate is 100 percent (5/5), round-trip min/avg/max = 31/31/32 ms

在 Router1 上测试结果如下：
router1#ping 10.10.10.1   ! 测试串口

Type escape sequence to abort.
Sending 5, 100-byte ICMP Echos to 10.10.10.1, timeout is 2 seconds:
!!!!!

Success rate is 100 percent (5/5), round-trip min/avg/max = 31/31/32 ms

router1#ping 192.168.1.254   ！测试以太网口

Type escape sequence to abort.
Sending 5, 100-byte ICMP Echos to 192.168.1.254, timeout is 2 seconds:
!!!!!
Success rate is 100 percent (5/5), round-trip min/avg/max = 31/31/32 ms

4．设置主机属性并测试连通性

① 设置 PC0 的地址参数及网卡工作模式、带宽，如图 10-2 所示。

图 10-2　PC0 的网卡设置

PC0 的网关设置为 192.168.1.254。

② 设置 PC1 的地址参数为 IP 地址 192.168.2.1，子网掩码 255.255.255.0，网关 192.168.2.254，网卡的工作模式和速率设置与 PC0 一样。

③ PC0 通过 ping 命令测试与 PC1 的连通性，结果如图 10-3 所示。

图 10-3　PC0 ping PC1

由测试结果可以看出，PC0 和 PC1 能够连通。在测试过程中，如果两台主机直接测试不同，可以在一台主机上从最近节点一站一站向目的主机测试，如 PC0 先测试和自己的网关的连通性，再测试和 Router0 的 s2/0 接口的连通性，依次是 Router1 的 s2/0 接口，Router1 的 f0/0 接口，最后是 PC1 主机，如果在某点 ping 不通，就去检查该点的配置信息。

【实训总结】

本实训主要学习如何通过 console 口管理路由器，配置路由器的接口地址、协议、时钟及添加静态路由。

【思考题】

1. 如何配置和使用 Telnet 方式管理路由器？
2. 如何保存路由器的配置信息？
3. 如何恢复路由器的缺省状态？
4. 规划路由器接口地址时，应该注意什么事项？
5. 路由器的路由表信息还可以通过什么方式获取，和静态路由相比有哪些优缺点？

实训项目十一　WWW、FTP 服务器的安装配置

【实训目的】

掌握 Windows Server 2008 中的 IIS 7.0 和 WWW 服务器的配置方法以及配置、维护 Web 站点的方法，掌握 FTP 服务器的安装、配置以及维护 FTP 站点的方法。

【实训内容】

如图 11-1 所示。

图 11-1　实训内容

【实训环境】

安装了 Windows Server 2008 的 PC 两台以上。

【理论基础】

1. IIS 和 Web 服务器简介

（1）IIS 简介

IIS 是 Internet 信息服务（Internet Information Service）的简称。它是 Microsoft 主推的 Web 服务器。在 Windows Server 2008 中使用的 Web 服务器是 IIS7.0。

IIS 7.0 是 Windows Server 2008 中的一个重要的服务组件，它提供了 Web、FTP、SMTP 等主要服务。提供了可用于 Intranet、Internet 或 Extranet 上的集成 Web 服务器能力，这种服务器具有可靠性、可伸缩性、安全性以及可管理性的特点。IIS 7.0 充分利用了最新的 Web 标准（如 ASP.NET、可扩展标记语言 XML 和简单对象访问协议 SOAP）来开发、实施和管理 Web 应用程序。IIS7.0 是一个完全模块化的 Web 服务器，用户可以通过添加和删除模块来自定义服务器。

① IIS 7.0 的新特性

a. 完全模块化的 IIS　IIS 7.0 从核心层讲被分割成了 40 多个不同功能的模块，如验证、缓存、静态页面处理和目录列表等功能全部被模块化。这意味着 Web 服务器可以按照运行需要来安装相应的功能模块。可能存在安全隐患和不需要的模块将不会再加载到内存中去，程序的受攻击面减小了，同时性能方面也得到了增强。为简化分类，所有模块分成了八个子类别。IIS 7.0 的体系结构如图 11-2 所示。

图 11-2　IIS 7.0 体系结构

b. 通过文本文件配置　IIS 7.0 另一大特性就是管理工具使用了新的分布式 web.config 配置系统。IIS 7.0 不再拥有单一的 metabase 配置储存，而将使用和 ASP.NET 支持的同样的 web.config 文件模型，这样就允许用户把配置和 Web 应用的内容一起存储和部署，无论有多少站点，用户都可以通过 web.config 文件直接配置，这样当需要挂接大量的网站时，可能只需要很短的时间，因为管理员只需要在复制之前做好任意一个站点的 web.config 文件，然后把设置和 Web 应用一起传送到远程服务器上就完成了，没必要再写管理脚本来定制配置了。

c. 图形模式管理工具　微软公司的产品向来以用户界面友好受到欢迎，但是从 IIS 4.0 到 IIS 6.0，提供给用户的管理控制台操作起来并不十分方便，而且由于技术等原因的限制，用户很难通过统一的界面来实现全部的管理工作。在 IIS 7.0 中，用户可以用管理工具在 Windows 客户端上创建和管理任意数目的网站，而不再局限于单个网站。和以前版本的 IIS 相比，IIS 7.0 的管理界面也更加友好和强大，再加上 IIS 7.0 的管理工具是可以被扩展的，意味着用户可以添加自己的模块到管理工具里，为自己的 Web 网站运行时模块和配置设置提供管理支持。

d. 安全方面的增强　以前版本的 IIS 安全问题主要集中在有关 .NET 程序的有效管理以及权限管理方面，而 IIS 7.0 正是针对 IIS 服务器遇到的安全问题而做了相应的改进。在 IIS 7.0 中，ASP.NET 管理设置集成到单个管理工具中，用户可以在一个窗口中查看和设置认证和授权规则，而不需要以前那样要通过多个不同的对话框来进行操作。这给管理人员提供了一个更加集中和清晰的用户界面，以及 Web 平台上统一的管理方式。在 IIS 7.0 中，.NET 应用程序直接通过 IIS 代码运行而不再发送到 Internet Server API 扩展上，这样就减少了可能存在的风险，并且提升了性能，同时管理工具内置对 ASP.NET 3.0 的成员和角色管理系统提供管理界面的支持，这意味着用户可以在管理工具中创建和管理角色和用户以及给用户指定角色。

e. 集成 ASP.NET　IIS 7.0 中的重大的变动不仅是 ASP.NET 本身从以 ISAPI 的实现形式变成直接接入 IIS 7.0 管道的模块，还能够通过一个模块化的请求管道架构来实现丰富的扩展性。用户可以通过与 Web 服务器注册一个 HTTP 扩展性模块，在任一个 HTTP 请求周期的任何地方编写代码。这些扩展性模块可以使用 c++ 代码或者 .NET 托管代码来编写。而且认证、授权、目录清单支持、经典 ASP、记录日志等功能，都可以使用这个公开模块化的管道 API 来实现。

② IIS 7.0 的服务　IIS 7.0 提供的基本服务包括发布消息、传输文件、支持用户通信和更新这些服务所依赖的数据存储。

a. Web 发布服务　Web 服务是 IIS 的一个重要组件之一，也是 Internet 和 Intranet 中最流行的技术，它的英文全称是"World Wide Web"，简称为"WWW"或"Web"。Web 服务的实现采用客户机/服务器模型，作为服务器的计算机安装 Web 服务器软件，并且保存了供用户访问的网页信息，随时等待用户的访问。具体访问过程如下。

• Web 浏览器向特定的 Web 服务器发送 Web 页面请求。

• Web 服务器接收到该请求后，便查找所请求的 Web 页面，并将所请求 Web 页面发给 Web 浏览器。

• Web 浏览器接收到所请求的 Web 页面，并将 Web 页面在浏览器中显示出来。

b. 文件传输协议服务　IIS 7.0 也可以作为 FTP 服务器，提供对文件传输服务的支持。该服务使用 TCP 协议确保文件传输的完成和数据传输的准确。该版本的 FTP 支持在站点级别上隔离用户以帮助管理员保护其 Internet 站点的安全并使之商业化。

c. 简单邮件传输协议　IIS 包含了 SMTP（Simple Mail Translate Protocal，简单邮件传输协议）组件，能够通过使用 SMTP 发送和接收电子邮件。但是它不支持完整的电子邮件服务，只提供了基本的功能。要使用完整的电子邮件服务，可以使用 Microsoft Exchange Server 2008 等专业的邮件系统。

d. 网络新闻传输协议服务　可以利用 IIS 自带的 NNTP（Network News Transport Protocol，网络新闻传输协议）服务建立讨论组。用户可以使用任何新闻阅读客户端，如 Outlook Express，并加入新闻组进行讨论。

e. IIS 管理服务　管理 IIS 配置数据库，并为 WWW、FTP、SMTP 和 NNTP 等服务提供支持。配置数据库是保存 IIS 配置数据的数据存储。IIS 管理服务对其他应用程序公开配置数据库，这些应用程序包括 IIS 核心组件、在 IIS 上建立的应用程序以及独立于 IIS 的第三方应用程序。IIS 不但能通过自身组件所提供的功能为用户提供服务，还能通过 Web 服务扩展其他服务器的功能。

（2）Web 服务器简介

Web 服务器就是用来搭建基于 HTTP 的 WWW 网页的计算机，通常这些计算机都采用 Windows Server 版本或者 Unix / Linux 系统，以确保服务器具有良好的运行效率和稳定的运行状态。

如今互联网的 Web 平台种类繁多，各种软、硬件组合的 Web 系统更是数不胜数，下面就来介绍 Windows 平台下的常用的两种 Web 服务器。

① IIS　微软公司的 Web 服务器产品是 IIS，它是目前最流行的 Web 服务器产品之一，很多网站都是建立在 IIS 的平台上。IIS 提供了一个图形界面的管理工具，称为 Internet 服务

管理器，可用于监视配置和控制 Internet 服务。在 IIS 中包括了 Web 服务器、FTP 服务器、NNTP 服务器和 SMTP 服务器等，分别用于网页浏览、文件传输、新闻服务和邮件发送等方面，它使在 Intemet 或者局域网中发布信息成了一件很容易的事。

② Apache 源于 NCSAhttpd 服务器，经过多次修改，成为世界上最流行的 Web 服务器软件之一。Apache 是自由软件，所以不断有人来为它开发新的功能、新的特性、修改原来的缺陷。Apache 的特点是简单、速度快、性能稳定，并可作代理服务器使用。本来它只用于小型或试验 Internet 网络，后来逐步扩充到各种 Unix 系统中，尤其对 Linux 的支持相当完美。

Apache 是以进程为基础的结构，进程要比线程消耗更多的系统开支，不太适合于多处理器环境，因此，在一个 Apache Web 站点扩容时，通常是增加服务器或扩充群集节点而不是增加处理器。到目前为止 Apache 仍然是世界上用得最多的 Web 服务器，世界上很多著名的网站都是 Apache 的产物，它的成功之处主要在于它的源代码开放、有一支开放的开发队伍、支持跨平台的应用以及它的可移植性等方面。

除了以上两种大家比较熟悉的 Web 服务器外，还有 IBM WebSphere、BEA WebLogic、IPlanet Application Server、Oracle IAS、Tomcat 等 Web 服务器产品。

2．IIS7.0 的安装

安装 IIS 7.0 必须具备管理员权限，使用 Administrator 管理员权限登录，这是 Windows Server 2008 新的安全功能，具体的操作步骤如下。

① 在服务器中选择"开始"→"服务器管理器"（图 11-3），打开服务器管理器窗口，如图 11-4 所示，选择左侧"角色"一项之后，单击右侧的"添加角色"链接，启动"添加角色向导"对话框。

图 11-3　选择"服务器管理器"　　　　　　　图 11-4　单击"添加角色"链接

② 单击"下一步"按钮，进入"选择服务器角色"对话框，如图 11-5 所示，勾选"Web 服务器（IIS）"复选框，由于 IIS 依赖 Windows 进程激活服务（WAS），因此会出现"进程激活服务功能"的对话框，单击"添加必需的功能"按钮，然后在"选择服务器角色"对话框中单击"下一步"按钮继续操作。

图 11-5 "选择服务器角色"对话框

③ 在如图 11-6 "Web 服务器（IIS）"对话框中，对 Web 服务器（IIS）进行了简要介绍，在此单击"下一步"按钮继续操作。

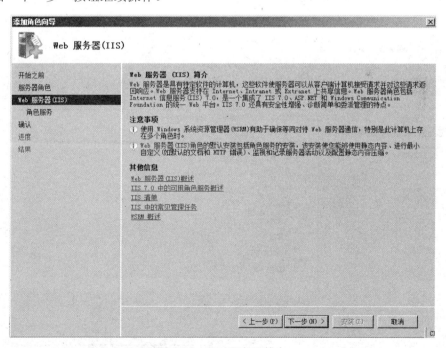

图 11-6　Web 服务器简介

④ 进入"选择角色服务"对话框，如图 11-7 所示，单击每一个服务选项右边，会显示该服务相关的详细说明，一般采用默认的选择即可，如果有特殊要求则可以根据实际情况进行选择。

图 11-7 "选择角色服务"对话框

⑤ 单击"下一步"按钮，进入"确认安装选择"对话框，如图 11-8 所示，显示了 Web 服务器安装的详细信息，确认安装这些信息可以单击下部"安装"按钮。

图 11-8 "确认安装选择"对话框

⑥ 安装 Web 服务器之后，在如图 11-9 所示的对话框中可以查看到 Web 服务器安装完成的提示，此时单击关闭按钮退出添加角色向导。

图 11-9　安装完成

⑦ 完成上述操作之后，依次选择"开始"→"管理工具"→"Internet 信息服务管理器"命令打开 Internet 信息服务管理器窗口，可以发现 IIS7.0 的界面和以前版本有了很大的区别，在起始页中显示的是 IIS 服务的连接任务，如图 11-10 所示。

图 11-10　IIS 的连接任务

⑧ 在命令行提示符界面，输入"net stop w3svc"和"net start w3svc"可以停止和启动 Web 服务，如图 11-11 所示。

3．IIS7.0 的测试

安装 IIS 7.0 后还要测试是否安装正常，有下面四种常用的测试方法，若链接成功，则会出现如图 11-12 所示的网页。

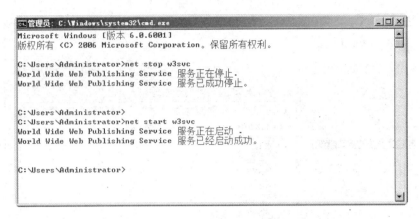

图 11-11　启动和关闭 Web 服务

图 11-12　IIS 7.0 安装测试成功界面

① 利用本地回送地址：在本地浏览器中输入"http://127.0.0.1"或"http://localhost"来测试链接网站。

② 利用本地计算机名称：假设该服务器的计算机名称为 WIN2008，在本地浏览器中输入"http://win2008"来测试链接网站。

③ 利用 IP 地址：作为 Web 服务器的 IP 地址最好是静态的，假设该服务器的 IP 地址为 192.168.1.28，则可以通过"http://192.168.1.28"来测试链接网站。如果该 IP 是局域网内的，则位于局域网内的所有计算机都可以通过这种方法来访问这台 Web 服务器；如果是公网上的 IP，则 Internet 上的所有用户都可以访问。

④ 利用 DNS 域名：如果这台计算机上安装了 DNS 服务，网址为 www.nos.com，并将 DNS 域名与 IP 地址注册到 DNS 服务内，可通过 DNS 网址"http:// www.nos.com"来测试链

接网站。

4. 使用 Web 站点发布网站

任何一个网站都需要有主目录作为默认目录，当客户端请求链接时，就会将主目录中的网页等内容显示给用户。主目录是指保存 Web 网站的文件夹，当用户访问该网站时，Web 服务器会自动将该文件夹中的默认网页显示给客户端用户。

默认的网站主目录是%SystemDrive\Inetpub\wwwroot，可以使用 IIS 管理器或通过直接编辑 MetaBase.xml 文件来更改网站的主目录。当用户访问默认网站时，Web 服务器会自动将其主目录中的默认网页传送给用户的浏览器。但在实际应用中通常不采用该默认文件夹，因为将数据文件和操作系统放在同一磁盘分区中，会失去安全保障和出现系统安装、恢复不太方便等问题，并且当保存大量音、视频文件时，可能造成磁盘或分区的空间不足。所以最好将作为数据文件的 Web 主目录保存在其他硬盘或非系统分区中。

5. FTP 服务简介

FTP（File Transport Protocol，文件传输协议）用于实现客户端与服务器之间的文件传输，尽管 Web 也可以提供文件下载服务，但是 FTP 服务的效率更高，对权限控制更为严格。

FTP 有两个意思：其中一个指文件传输服务，FTP 提供交互式的访问，用来在远程主机与本地主机之间或两台远程主机之间传输文件；另一个意思是指文件传输协议，是 Internet 上使用最广泛的文件传输协议，它使用客户端/服务器模式，用户通过一个支持 FTP 协议的客户端程序，连接到在远程主机上的 FTP 服务器程序，用户通过客户端程序向服务器程序发出命令，服务器程序执行用户所发出的命令，并将执行的结果返回到客户端。

一般来说，用户联网的主要目的就是实现信息共享，文件传输是信息共享非常重要的一个内容。Internet 是一个非常复杂的计算机环境，有 PC、工作站、MAC、大型机，而这些计算机运行不同的操作系统，有运行 Unix 的服务器，也有运行 Dos、Windows 的 PC 机和运行 Mac OS 的苹果机等，要实现传输文件，并不是一件容易的事。基于不同的操作系统有不同的 FTP 应用程序，而所有这些应用程序都遵守 FTP 协议，这样任何两台 Internet 主机之间可通过 FTP 复制文件。

在 FTP 的使用当中，用户经常遇到两个概念："下载"（Download）和"上传"（Upload）。"下载"文件就是从远程主机复制文件至自己的计算机上，"上传"文件就是将文件从自己的计算机中复制到远程主机上，用 Internet 语言来说，用户可通过客户端程序向（从）远程主机上传（下载）文件。

在 Internet 上有两类 FTP 服务器：一类是普通的 FTP 服务器，连接到这种 FTP 服务器上时，用户必须具有合法的用户名和口令；另一类是匿名 FTP 服务器，匿名 FTP 是指在访问远程计算机时，不需要账户或口令就能访问许多文件、信息资源，用户不需要经过注册就可以与它连接，并且进行下载和上传文件的操作，通常这种访问限制在公共目录下。系统管理员建立了一个特殊的用户 ID，名为 anonymous，Internet 上的任何人在任何地方都可使用该用户 ID。值得注意的是，匿名 FTP 不适用于所有 Internet 主机，它只适用于那些提供了这项服务的主机。

当远程主机提供匿名 FTP 服务时，会指定某些目录向公众开放，允许匿名存取。系统中的其余目录则处于隐匿状态。作为一种安全措施，大多数匿名 FTP 主机都允许用户从其下载文件，而不允许用户向其上传文件，也就是说，用户可将匿名 FTP 主机上的所有文件全部复制到自己的计算机上，但不能将自己计算机上的任何一个文件复制到匿名 FTP 主机上。即使有些匿名 FTP 主机确实允许用户上传文件，用户也只能将文件上传至某一指定上传目录中。随后，系统管理员会去检查这些文件，他会将这些文件移至另一个公共下载目录中，供其他用户下载，利用这种方式，远程主机的用户得到了保护，避免了有人上传有问题的文件。

　　FTP 提供的命令十分丰富，涉及文件传输、文件管理、目录管理、连接管理等。目前世界上有很多文件服务系统，为用户提供公用软件、技术通报、论文研究报告等，这就使Internet 成为目前世界上最大的软件和信息流通渠道。Internet 是一个资源宝库，有很多共享软件、免费程序、学术文献、影像资料、图片、文字、动画等，它们都允许用户用 FTP 下载。人们可以直接使用 WWW 浏览器去搜索所需要的文件，然后利用 WWW 浏览器所支持的 FTP功能下载文件。

　　构建 FTP 服务器的软件常见的有 IIS 自带的 FTP 服务组件、Serv-U 和 Linux 下的 vsFTP、wuFTP 等。

【实训步骤】

1．Web 服务器的配置

　　在安装了 IIS 7.0 服务器后，系统会自动创建一个默认的 Web 站点，该站点使用默认设置，但内容为空。打开"开始"→"管理工具"→"Internet 信息服务（IIS）管理器"，可以看到默认网站，如图 11-13 所示。

图 11-13　IIS 服务器管理器

　　（1）创建 Web 站点

　　① 首先停止默认网站，右键单击网站"Default Web Site"，在弹出的菜单中选择"管理网站"→"停止"，即可停止正在运行的默认网站。

② 在 C 盘目录下创建文件夹 "C:\web" 作为网站的主目录，并在其文件夹内存放网页 "index.htm" 作为网站的首页，如图 11-14 所示。

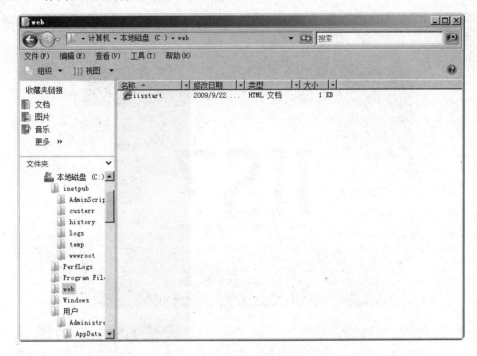

图 11-14　默认网站首页

③ 在 "Internet 信息服务(IIS)管理器" 控制台树中，展开服务器节点，右键单击 "网站"，在弹出的菜单中选择 "添加网站"，在该对话框中可以指定网站名称、应用程序池、端口号、主机名。在此设置网站名称为 Web，物理路径为 C:\web，类型为 http，IP 地址为 "172.16.22.2" 端口默认为 "80"，如图 11-15 所示，单击 "确定" 按钮，完成网站的创建。

图 11-15　添加网站

④ 以管理员账户登录到 Web 服务器或客户端，打开 IE 浏览器，在"地址"文本框中输入 Web 网站的 URL 路径为"http://172.16.22.2"，即可访问 Web 网站，如图 11-16 所示。

图 11-16　访问 Web 服务器

（2）创建虚拟目录

一般来说，Internet 站点的内容都应当维持在一个单独的目录结构内，以免引起访问请求混乱的问题。特殊情况下，网络管理人员可能因为某种需要而使用除实际站点目录（即主目录）以外的其他目录，或者使用其他计算机上的目录，来让 Internet 用户作为站点访问。这时，就可以使用虚拟目录，即将想使用的目录设为虚拟目录，而让用户访问。

处理虚拟目录时，IIS 把它作为主目录的一个子目录来对待；而对于 Internet 上的用户来说，访问时感觉不到虚拟目录与站点中其他任何目录之间有什么区别，可以像访问其他目录一样来访问这一虚拟目录。设置虚拟目录时必须指定它的位置，虚拟目录可以存在于本地服务器上，也可以存在于远程服务器上。多数情况下虚拟目录都存在于远程服务器上，此时，用户访问这一虚拟目录时，IIS 服务器将充当一个代理的角色，它将通过与远程计算机联系并检索用户所请求的文件来实现信息服务支持。

① 打开"Internet 信息服务（IIS）管理器"管理控制台，右键单击想要创建虚拟目录的网站，在弹出的快捷菜单中选择"添加虚拟目录"，如图 11-17 所示。

② 单击"下一步"按钮，显示"虚拟目录别名"对话框，在"别名"文本框中输入虚拟目录的名称，如"store"，如图 11-18 所示。

③ 单击"下一步"按钮，显示"网站内容目录"对话框，在"路径"文本框中输入该虚拟目录欲引用的文件夹，如"C:\store"。也可以单击"浏览"按钮查找，如图 11-18 所示。

图 11-17　添加虚拟目录

图 11-18　网站虚拟目录别名

　　④ 单击"下一步"按钮，显示"虚拟目录访问权限"对话框。通常选择默认的"读取"和"运行脚本"复选框。

　　⑤ 以管理员账户登录到 Web 客户端计算机上，在 IE 浏览器的"地址"文本框中输入虚拟目录路径为 http://172.16.22.2/store 可访问 Web 网站的虚拟目录，如图 11-19 所示。

图 11-19　访问网站虚拟目录

（3）在一台宿主机上创建多个网站

在一台宿主机上创建多个网站亦即虚拟网站（服务器），可以理解为使用一台服务器充当若干台服务器来使用，并且每个虚拟服务器都可拥有自己的域名、IP 地址或端口号。

虚拟服务器在性能上与独立服务器一样，并且可以在同一台服务器上创建多个虚拟网站。所以虚拟网站可以节约硬件资源、节省空间和降低能源成本，并且易于对站点进行管理和配置。

① 虚拟网站的类型　主要类型列举如表 11-1 所示。

表 11-11　虚拟网站的类型

区分标识符	使 用 场 景	优、缺点	举　　例
非标准端口号	通常不推荐使用此方法，可用于内部网站或网站开发或测试方面	优点：可在同一 IP 地址上创建大量站点 缺点：必须输入端口号才能访问站点；不能使用主机头名称；防火墙必须打开相应非标准端口号	http://192.168.0.1:8080 http://192.168.0.1:8081 http://192.168.0.1:8082
唯一 IP 地址	主要用于本地服务器上的 HTTPS 服务	优点：所有网站都可以使用默认的 80 端口 缺点：每个网站都需要单独的静态 IP 地址	http://192.168.0.1 http://192.168.0.2 http://192.168.0.3
主机头名称	一般在 Internet 上大多使用此方法	优点：可以在一个 IP 地址上配置多个网站，对用户透明 缺点：必须通过主机才能访问，HTTPS 不支持主机头名称；需要与 DNS 配合	http://www.serverA.com http://www.serverB.com http://www.serverC.com

② 创建多个网站的步骤　下面介绍使用主机头名称创建多个网站的步骤。

a．规划好需要创建的网站名称，如要在主机（IP 地址为 172.169.221.15）上创建三个网站：www.serverA.com；www.serverB.com；www.serverC.com。

b．在 DNS 服务器上分别创建三个区域 serverA.com、serverB.com 和 serverC.com，然后分别在每个区域上创建名称为 WWW 的主机记录，区域和记录的创建方法见实训项目十二。

c．"Internet 信息服务（IIS）管理器"控制台中单击左侧窗格中的"网站"，在弹出的快捷菜单中选择"添加网站"命令，单击"下一步"按钮，输入网站的描述信息，如"网站名称"为"a1"，网站主目录所在"物理路径"为"C:\a1"，在"IP 地址"和"端口"对话框中分别输入网站的 IP 地址和端口号，在"主机名"文本框中输入"www.serverA.com"，如图 11-20 所示。单击"确定"按钮。

d．启动"网络浏览"权限，添加"默认文档"主页，完成 www.serverA.com 网站的创建。

e．重复上述 a～d 的步骤，创建 www.serverB.com 网站和 www.serverC.com 网站。

虚拟网站创建完成后，即可用 www.serverA.com 和 www.serverB.com 主机名来访问它们了，如图 11-21 所示。

（4）设置 Web 站点的权限

为了更有效、更安全地对 Web 服务器访问，需要对 Web 服务器上的特定网站、文件夹和文件授予相应访问权限。访问控制的流程如下。

图 11-20　添加网站

图 11-21　创建完成虚拟网站

① 用户向 Web 服务器提出访问请求。

② Web 服务器向客户端提出验证请求并决定采用所设置的验证方式来验证客户端的访问权。例如，Windows 集成验证方式会要求客户端输入用户名和密码。如果用户名、密码错误，则登录失败，否则会看其他条件是否满足。

③ Web 服务器验证客户端是否在允许的 IP 地址范围。如果该 IP 地址遭到拒绝，则请求失败，然后客户端会收到"403 禁止访问"的错误信息。

④ Web 服务器检查客户端是否有请求资源的 Web 访问权限。如果无相应权限，则请求失败。

⑤ 如果网站文件在 NTFS 分区，则 Web 服务器还会检查是否有访问该资源的 NTFS 权限。如果用户没有该资源的 NTFS 权限，则请求失败。

⑥ 只有以上②~⑤ 均满足，用户端才能允许访问网站。

（5）设置验证方法

通过设置 IIS 来验证或识别客户端用户的身份，以决定是否允许该用户和 Web 服务器建立网络连接。但是如果使用匿名访问，或 NTFS 权限设置不请求 Windows 账户的用户提供名称与密码，则不进行验证。IIS 7.0 的验证方式共有五种，分别是匿名验证、集成 Windows 身份验证、Windows 域服务器的摘要式身份验证、基本身份验证、.NET Passport 身份验证。

2．FTP 服务器的配置

FTP 服务是 Windows Server 2008 的 IIS 服务中的一个组件，默认情况下并没有安装，需要手动安装。需要注意的是，FTP 服务由 IIS6.0 提供，而不是由 IIS7.0 提供，因此 FTP 服务器安装完成以后，需要在 IIS6.0 中配置管理。

（1）添加 FTP 角色服务

① 首先，设置本机 TCP/IP 属性，手工指定 IP 地址、子网掩码、默认网关（也可暂不指定）和 DNS 服务器 IP 地址等。IIS 7.0 角色具体安装步骤如下。

② 在"服务器管理器"控制台中（图 11-22），单击"角色"节点，在控制台右侧界面中单击"添加角色"按钮，打开"添加角色向导"页面，然后选择"WEB 服务器（IIS）"复选框，并点击"添加必需的功能"按钮，如图 11-23 所示，这里添加的是 FTP 服务。

图 11-22　添加角色服务

③ 单击"下一步"按钮，在出现的对话框中单击"安装"按钮，完成 FTP 相关组件的安装，如图 11-24 所示。

（2）FTP 服务的启动与停止

要启动或停止 FTP 服务，可以使用 net 命令、"Internet 信息服务器（IIS）6.0 管理器"控制台或"服务"控制台实现。

① 使用 net 命令　以管理员账户登录到 FTP 服务器上，在命令提示符界面中，输入命令"net start msftpsvc"，启动 FTP 服务，输入"net stop msftpxvc"，停止 FTP 服务。

② 使用"Internet 信息服务器（IIS）6.0 管理器"控制台　打开"Internet 信息服务器（IIS）6.0 管理器"控制台，在控制台树中右键单击服务器，在弹出的菜单中选择"所有任务"→"重新启动 IIS"，打开对话框，在其下拉框中选择"启动 WIN-GC4LXDDJZSL 的 Internet 服务"即可启动或停止 FTP 服务。

图 11-23　添加 FTP 服务器角色

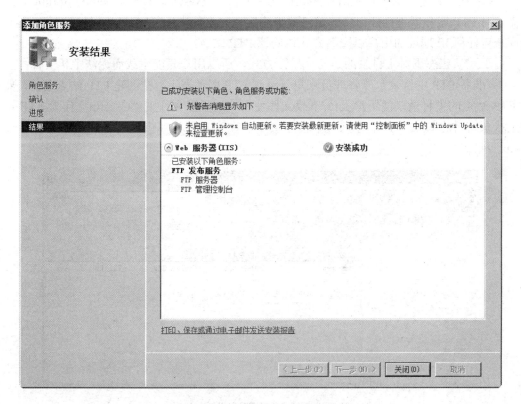

图 11-24　安装成功 FTP 服务组件

③ 使用"服务"控制台　单击"开始"→"管理工具"→"服务",打开"服务"控制台,找到"FTP Publishing Service",单击"启动此服务"即可启动或停止 FTP 服务,如图 11-25 所示。

图 11-25　FTP 服务的开启与停止

（3）创建和访问 FTP 站点

FTP 服务器的配置较简单,主要需要设置的是站点的 IP 地址、端口、主目录、访问权限等。"默认 FTP 站点"的主目录所在的默认文件夹为"%Systemdriver%\inetpub\ftproot",用户不需要对 FTP 服务器进行任何修改,只要将想实现共享的文件复制到以上目录即可。这时,允许来自任何 IP 地址的用户以匿名方式访问该 FTP 站点。

由于默认状态下对主目录的访问为只读方式,所以用户只能下载而无法上传文件。

① 准备 FTP 主目录　以管理员账户登录到 FTP 服务器上,在创建 FTP 站点之前,要准备 FTP 站点的主目录以便用户上传/下载文件使用。这里以文件夹"C：\ftp"作为 FTP 站点的主目录,并在该文件夹中存入一个程序供用户在客户端计算机上下载和上传测试,如图 11-26 所示。

图 11-26　FTP 主目录

② 查看 FTP 站点　打开"Internet 信息服务器（IIS）管理器"，点击中间功能视图中"FTP 站点"中"单击此处启动"，出现"Internet 信息服务器（IIS）6.0 管理器"控制台，在控制台树中展开"FTP 站点"节点，可以看到存在一个默认的站点"Default FTP Site"，其状态为"已停止"，用户不能访问，如图 11-27 所示。

图 11-27　查看 FTP 站点

③ 新建 FTP 站点　右键单击"FTP 站点"，在弹出的菜单中选择"新建"→"FTP 站点"，将打开"FTP 站点创建向导"页面，单击"下一步"按钮，在出现 FTP 描述对话框中输入"ftp"，如图 11-28 所示。

图 11-28　新建 FTP 站点

④ 设置 IP 地址和端口号　单击"下一步"按钮，在出现的"IP 地址和端口设置"对话框中输入访问 FTP 站点所使用的 IP 地址和端口号，该 FTP 站点所使用的 IP 地址为"172.16.22.2"，端口号为 21(默认)，如图 11-29 所示。

图 11-29 设置 FTP 站点 IP 地址和端口号

⑤ 设置 FTP 用户隔离 FTP 用户隔离可以为用户提供上传文件的个人 FTP 目录，可以防止用户查看或覆盖其他用户的内容。FTP 用户支持三种隔离模式：隔离用户、不隔离用户和用 Active Directory 隔离用户。每一种模式都会启动不同的隔离和身份验证等级。

在图 11-29 所示的对话框中单击"下一步"按钮，出现"FTP 隔离"对话框，在该对话框中可以设置 FTP 用户隔离的选项，这里选择"不隔离用户"单选框，用户就可以访问其他用户的 FTP 主目录了，如图 11-30 所示。

图 11-30 FTP 用户隔离的设置

⑥ 设置 FTP 站点主目录 单击"下一步"按钮，出现"FTP 站点主目录"对话框，在该对话框中可以设置 FTP 站点的主目录，输入主目录路径为"C：\ftp"，如图 11-31 所示。

图 11-31　FTP 站点主目录路径

⑦ 设置 FTP 站点访问权限　单击"下一步"按钮，在出现的"FTP 站点访问权限"对话框中选择权限，这里选择默认的"读取"，如图 11-32 所示，然后单击"下一步"按钮，完成 FTP 站点的创建。

图 11-32　FTP 站点访问权限的设置

刚创建好的 FTP 站点处于"已停止"状态。右键单击 FTP 站点，在弹出的菜单中选择"启动"，可以看到 FTP 站点状态成为"正在运行"，如图 11-33 所示。此时用户就可以在 FTP 客户端计算机上通过 IP 地址访问该站点了。

图 11-33　FTP 站点的启动

在"目录安全性"选项卡中限制客户端访问 FTP 站点，通过以下四个选项卡进行设置："安全账户"选项卡、"消息"选项卡、"主目录"选项卡、"目录安全性"选项卡。

（4）创建 FTP 虚拟站点与虚拟目录

① FTP 虚拟站点　与创建 Web 站点类似，使用 FTP 站点创建向导可创建一个新的 FTP 虚拟站点。创建新的 FTP 虚拟站点的操作也是在"Internet 信息服务（IIS）管理器"窗口中完成的。下面是创建 FTP 虚拟站点的步骤。

a. 在"Internet 信息服务（IIS）6.0 管理器"窗口中，鼠标右键单击"默认 FTP 站点"按钮，在弹出的快捷菜单中选择"新建"→"FTP 站点"命令，如图 11-34 所示。

图 11-34　新建 FTP 站点

b. 显示"FTP 站点创建向导"对话框，单击"下一步"按钮。打开"FTP 站点描述"对话框，填写"FTP 站点描述"，如"My FTP Site"，单击"下一步"按钮继续。

c. 在打开的"IP 地址和端口设置"对话框中，为 FTP 服务器指定一个静态 IP 地址，并设置默认 TCP 端口号 21，如图 11-35 所示，单击"下一步"按钮继续。

图 11-35　设置 FTP 站点 IP 地址和端口号

　　d. 在图 11-36 所示的"FTP 用户隔离"对话框中指定 FTP 服务器隔离用户的方式。如果用户可以访问其他用户的 FTP 主目录,选择"不隔离用户";如果不同用户只能访问不同的 FTP 主目录,则选择"隔离用户";如果根据活动目录中的用户来隔离 FTP 主目录,则选择"用 Active Directory 隔离用户"。单击"下一步"按钮继续。

图 11-36　FTP 用户隔离的设置

　　e. 在显示"FTP 站点主目录"对话框中,输入主目录的路径,单击"下一步"按钮。
　　f. 在"FTP 站点访问权限"对话框中,给主目录设定访问权限。如果只想提供文件下载,选择"读取"即可。如想上传文件,则应当同时选"读取"和"写入"。单击"下一步"按钮,出现成功完成"FTP 站点创建向导"对话框，在该对话框中单击"完成"按钮，则 FTP 站点建立完成。这时在"Internet 信息服务（IIS）6.0 管理器"窗口中将显示新建的 FTP 站点，如图 11-37 所示。还可打开 FTP 站点的"属性"对话框，对其进一步的设置。

图 11-37　FTP 站点创建成功

② FTP 虚拟目录

a. 打开"Internet 信息服务"窗口，在"树"标签下右击需要创建虚拟目录的 FTP 站点，在弹出的快捷菜单中选择"新建"，然后选择"虚拟目录"命令，如图 11-38 所示。

图 11-38　新建虚拟目录

b. 进入欢迎使用"虚拟目录创建向导"对话框，如图 11-39 所示。单击"下一步"按钮继续以下的操作。

图 11-39　虚拟目录创建向导

c. 在"别名"文本框中输入虚拟目录别名。别名是指虚拟目录在 IIS 管理器中的有效名称，即虚拟目录在站点主目录下映射的名称。用户在下载 FTP 文件时指定的 URL 路径中包含的目录名称就是虚拟目录别名（对于非虚拟目录，指定其实际名称即可）。别名与目录真实名称没有联系，但也可以相同，在这里输入虚拟目录的别名为"ftp-2"，如图 11-40 所示。输入完成后单击"下一步"按钮继续下面的操作。

图 11-40　设置虚拟目录别名

d. 单击"浏览"按钮指定或在"路径"文本框中直接指定虚拟目录所对应的实际路径，在这里设置虚拟目录的实际路径为"C:\54hack"，如图 11-41 所示。实际上，对于远程虚拟目录，其实际路径是以 UNC 路径的形式指定的，如需要以 Server 服务器上的 Share（共享）文件夹作为虚拟目录的实际路径，则应在指定路径栏中指定 UNC 名为\\Server\Share。单击"下一步"按钮继续以下的操作。

e. 在"允许下列权限"选项组中，指定该虚拟目录所允许的用户访问权限。选中相应的"读取"或"写入"复选框即可（对应下载和上传权限）。设置完成后单击"下一步"按钮，如图 11-42 所示。

图 11-41 设置虚拟目录路径

图 11-42 为虚拟目录设置访问权限

f. 到这一步，系统将提示已成功完成虚拟目录的创建，如图 11-43 所示。单击"完成"按钮退出虚拟目录创建向导。

图 11-43 完成虚拟目录创建

g. 为了检验创建结果，回到"Internet 信息服务"窗口，在"树"标签中展开刚刚创建虚拟目录的"我的 FTP"站点，便可看到新建的虚拟目录 ftp-2 已被创建。右击虚拟目录"ftp-2"，在弹出的快捷菜单上选择"浏览"命令，打开一个资源管理器窗口。此时窗口中列出的内容若是新建虚拟目录 ftp-2 所对应的实际目录 C:\54hack 中包含的文件和文件夹，说明虚拟目录 ftp-2 创建成功。

（5）FTP 客户端的使用

① FTP 命令　可以在客户端的命令提示符下，使用 Windows 自带的 FTP 命令连接到 FTP 服务器上。连接方法是：选择"开始"→"运行"命令，输入"CMD"（在 Windows 98 下为 COMMAND；在 Windows 2000/XP/2003 下为 CMD），进入命令提示符状态，输入 FTP 服务器的 IP 地址或域名命令，按提示输入用户名和密码就可进入 FTP 服务器的主目录了，如图 11-44 所示。

图 11-44　进入 FTP 服务器主目录

② 使用 Web 浏览器　使用 Web 浏览器访问 FTP 站点时，在 Web 浏览器的"地址栏"中输入要连接的 FTP 站点的 IP 地址或域名。格式为 ftp://IP 地址/主机名，如图 11-45 所示。

图 11-45　访问 FTP 站点

③ FTP 客户端软件　FTP 服务器的访问有专门的图形界面的 FTP 客户端软件。目前使用最多的是美国 GlobalScape 公司的 CuteFTP 软件，实现对 FTP 站点的访问，如图 11-46 所示。

图 11-46　FTP 客户端软件

3．IIS 的常见故障排除

（1）IIS 的故障

① IIS 服务、站点工作不正常。

② IIS 服务管理器无法打开。

③ 静态页面无法访问。

④ 动态页面无法访问。

⑤ HTTP 出错代码，如 HTTP 500 错误。

⑥ 验证、权限问题。

⑦ FTP 出错。

（2）IIS 排错步骤

① 检查 IIS 服务、站点是否已经启动。

② 尽量获取详细的 HTTP 出错信息。

③ 使用简单的静态页面文件（如 HTML 或 TXT 文件）测试。

④ 使用简单的动态页面文件（如 ASP）测试。

⑤ 在 IIS 本机启用 IE 浏览器访问。

⑥ 启用不同的名称访问，如 IP 地址/NetBIOS 计算机名/FQDN 主机名/主机头。

⑦ 检查 NTFS 权限。

⑧ HTTP 500 内部错误。

【实训总结】

本实训主要学习 IIS 的安装和使用。通过对 IIS 的安装和配置，可以将一台主机配置成一台 Web 服务器。同时本实训还介绍了 FTP 服务的概念和 FTP 服务的工作过程，FTP 使用户能在两个联网的计算机之间传输文件，它是在 Internet 中传递文件最重要的方法。具体讲述了 FTP 服务器的安装和配置方法，介绍了 FTP 客户端的使用，以及 IIS 常见故障以及排除方法。

【思考题】

1. IIS7.0 提供哪些服务？
2. 如何新建网站？怎样测试网站是否创建成功？
3. 什么是虚拟目录？如何创建虚拟目录？
4. FTP 服务器能提供哪些服务？
5. 如何新建 FTP 网站？怎样测试网站是否创建成功？
6. 什么是 FTP 虚拟目录？如何创建虚拟目录？

实训项目十二 DHCP 和 DNS 服务器的安装与配置

【实训目标】

1. 在 Windows Server 2008 系统环境下安装、配置 DHCP 服务器。
2. 在 Windows Server 2008 系统环境下安装、配置 DNS 服务器。

【实训内容】

如图 12-1 所示。

图 12-1 实训内容

【实训环境】

安装了 Windows server 2008 环境的 PC 两台以上。

【理论基础】

1. DHCP 简介

在一个使用 TCP/IP 协议的网络中，每一台计算机都必须至少有一个 IP 地址，才能与其他计算机连接通信。为了便于统一规划和管理网络中的 IP 地址，DHCP（Dynamic Host Configure Protocol，动态主机配置协议）应运而生了。这种网络服务有利于对局域网络中的客户机 IP 地址进行有效管理，而不需要一个一个手动指定 IP 地址。

2. DNS 简介

DNS 服务器是（Domain Name System 或者 Domain Name Service）域名系统或者域名服

务，域名系统为 Internet 上的主机分配域名地址和 IP 地址。用户使用域名地址，该系统就会自动把域名地址转为 IP 地址。域名服务是运行域名系统的 Internet 工具。执行域名服务的服务器称为 DNS 服务器，通过 DNS 服务器来应答域名服务的查询。

【实训步骤】

1. DHCP 服务器的安装与配置

（1）DHCP 服务器的安装

DHCP 指的是由服务器控制一段 IP 地址范围，客户机登录服务器时就可以自动获得服务器分配的 IP 地址和子网掩码。首先，DHCP 服务器必须是一台安装有 Windows Server 2008 系统的计算机；其次，担任 DHCP 服务器的计算机需要安装 TCP/IP 协议，并为其设置静态 IP 地址、子网掩码、默认网关等内容。默认情况下，DHCP 作为 Windows Server 2008 的一个服务组件不会被系统自动安装，必须把它添加进来。

首先，以超级管理员权限进入 Windows 2008 Server 系统，打开该系统的"开始"菜单，从中依次选择"程序"→"管理工具"→"服务器管理器"命令，在弹出的服务器管理器窗口中，单击左侧显示区域的"角色"选项，在对应该选项的右侧显示区域中，单击"添加角色"按钮，打开如图 12-2 所示的服务器角色列表窗口。

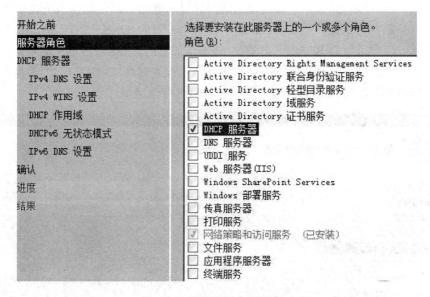

图 12-2 服务器角色列表窗口

选中该列表窗口中的"DHCP 服务器"选项，当然，要是 Windows 2008 Server 系统没有使用静态 IP 地址时，系统将会在选中"DHCP 服务器"选项之后自动弹出提示窗口，告诉本地系统没有使用静态 IP 地址，并询问是否要继续安装 DHCP 服务器；此时，必须重新对 Windows 2008 Server 系统设置一个合适的静态 IP 地址，而不建议使用动态 IP 地址，因为 DHCP 服务器的 IP 地址要是发生变化时，那么局域网中的普通工作站将无法连接到 DHCP 服务器上。如果使用的是静态 IP 地址，选中"DHCP 服务器"选项后，单击"下一步"按钮，屏幕上将会弹出"选择网络连接绑定"，即 DHCP 服务器的静态地址，如图 12-3 所示。

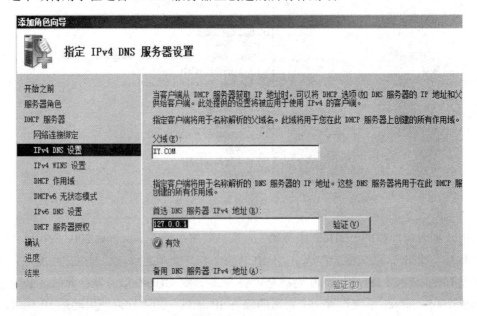

图 12-3　DHCP 服务器的静态地址

继续单击"下一步"按钮，在其后弹出的向导提示界面中，会看到系统要求指定好 IPv4 协议下的 DNS 服务器地址，如图 12-4 所示，这里设置的 DNS 服务器地址将会被集成到 DHCP 服务器中，日后当 DHCP 服务器更新 IP 地址信息时，相应的 DNS 更新会将计算机的名称到 IP 地址的关联进行同步。此外，在这里还需要设置好局域网客户端用于名称解析的父域名，这个域将用于在这台 DHCP 服务器上创建的所有作用域。

图 12-4　指定 IPv4 DNS 服务器设置

默认首选 DNS 为 127.0.0.1 指本地网络，也可以改为本机配置的具体 IP 地址，如图 12-5 所示。

图 12-5   设置首选 DNS 服务器 IPv4 地址

点击"下一步",选择不需要 WINS 服务,如图 12-6 所示。

图 12-6   IPv4 WINS 服务器的设置

下面,再单击向导提示窗口中的"下一步"按钮,在其后出现的设置窗口中,可以根据本地局域网的 IP 地址分配情况,设置好合适 DHCP 服务器的作用区域,也就是说设置好 DHCP 服务器的适用范围,因为只有创建好合适的作用域之后,DHCP 服务器才能有效地将 IP 地址自动分配给局域网中的普通工作站。在进行这项设置操作时,可以单击该向导设置窗口中的"添加"按钮,打开添加作用域设置窗口,在该设置窗口的作用域名处指定好具体的 DHCP作用域名称,在起始 IP 地址文本框中输入局域网网络的开始 IP 地址,在结束 IP 地址文本框中输入局域网网络的末尾 IP 地址,再将子网掩码地址、默认网关地址等参数设置成与Windows 2008 Server 系统的相关参数相同就可以了,最后再设置好子网类型,同时选中"激活此作用域"选项，并单击"确定"按钮结束 DHCP 作用域的添加设置操作。

此处也可以先不添加，待安装完成后新建作用域即可，本书中采用此种方法，如图 12-7 所示。

图 12-7　添加或编辑 DHCP 作用域

然后，选择禁用 DHCPv6（如果要配置 IPv6 的 DHCP 请参考相关辅导资料），如图 12-8 所示。

图 12-8　配置 DHCPv6 无状态模式

接下来，使用有权限的账号为 DHCP 服务器授权，如图 12-9 所示，如果先安装了 DHCP 再安装 AD DS，那么应该对 DHCP 进行 AD 授权。

图 12-9 授权 DHCP 服务器

然后点击"下一步",确认配置文件,如图 12-10 所示。

图 12-10 确认配置文件

点击"下一步",进入安装状态,如图 12-11 所示。

图 12-11 安装 DHCP 服务器

最后，安装完成，不需要重启系统，如图 12-12 所示。

图 12-12　DHCP 服务器安装成功

（2）DHCP 服务器的配置

DHCP 服务器安装完成后，需要对 DHCP 相关参数进行配置，来完善 DHCP 的功能。
首先，需要设置 DHCP 的作用域，如图 12-13 所示。

图 12-13　新建作用域

点击"下一步"，新建 DHCP 名称与描述，如图 12-14。

图 12-14　作用域名称和描述

接下来，点击"下一步"，新建 DHCP 地址池，即 DHCP 服务器所拥有的 IP 地址范围，如图 12-15 所示。

图 12-15　IP 地址池范围

点击"下一步"，填写需要排除的 IP 地址范围，如图 12-16 所示。

图 12-16　排除 IP 地址范围

点击"下一步"，填写租约期限，即 DHCP 服务器分配给客户端可以使用 IP 地址的时间期限，如图 12-17 所示。

图 12-17　租约期限

点击"下一步",配置 DHCP 选项,如图 12-18 所示。

图 12-18　配置 DHCP 选项

点击"下一步",根据实际需要添加此作用域要分配的路由器或默认网关,如图 12-19 所示。

图 12-19　此作用域要分配的路由器或默认网关

默认本机,可以添加实际配置的静态 IP(本机 IP 不要随便改动),如图 12-20 所示。

图 12-20　验证 DNS 服务器是否在本地服务器上运行

有些网络里面还使用 WINS 服务，所以可以添加此项解析，如图 12-21 所示。

图 12-21　WINS 服务的解析

最后，激活所有配置，或以后激活，DHCP 服务器的基本配置即完成，如图 12-22 所示。

图 12-22　激活作用域

（3）配置 DHCP 客户机

DHCP 服务器的安装与配置完成以后，就可以为客户端提供相应的服务了。在客户端，Windows 用户只要在网上邻居→本地连接属性→TCP/IP 协议中将 IP 地址和 DNS 服务器地址均设为自动获取即可，如图 12-23 所示。

设置完成后，可在命令行通过 ipconfig　/all 命令查看具体应用情况，如在哪台服务器申请到哪个 IP 等，如果申请后想释放该地址，可用 ipconfig　/release 命令释放，想重新从服务器申请可用 ipconfig　/renew 命令重新获取到新的地址。

图 12-23　客户端设置为自动获取 IP 地址

2. DNS 服务器的安装与配置

（1）网络配置

DNS 服务器需要使用静态 IP 地址，不能使用动态 IP 地址。在 IP 地址、子网掩码、默认网关上填好正确的值，在 DNS 项不用配置，如图 12-24 所示。

图 12-24　DNS 网络参数设置

（2）安装 DNS 服务器

以管理员账户登录到 Windows Server 2008 系统，运行"开始"→"程序"→"管理工具"→"服务器管理器"出现如图 12-25 所示。

图 12-25　服务器管理器"角色"

点击"添加角色",运行"添加角色向导",在"选择服务器角色"对话框中的"角色"列表框中选中"DNS 服务器"复选框,如图 12-26 所示,单击"下一步"。

图 12-26　设置 DNS 服务器

出现 DNS 服务器简介,如图 12-27 所示,点击"下一步"。

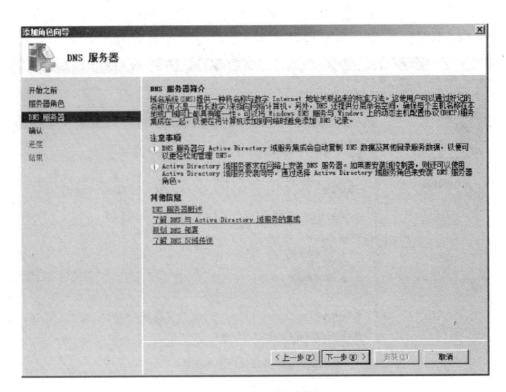

图 12-27　DNS 服务器简介

确认安装选择 DNS 服务器，点击"安装"，如图 12-28 所示。

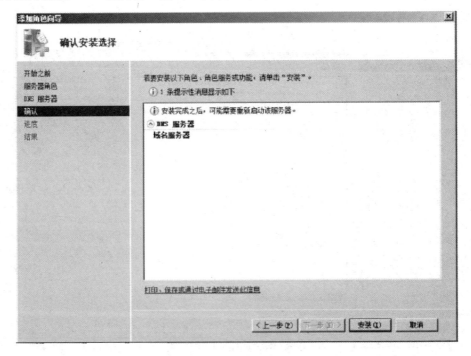

图 12-28　安装 DNS 服务器

DNS 服务器安装成功后，点击"关闭"，如图 12-29 所示。

图 12-29　安装成功 DNS 服务器

（3）DNS 服务器的配置

单击"关闭"按钮，返回"初始配置任务"窗口，单击"开始"→"管理工具"→"DNS"选项，如图 12-30 所示。

图 12-30　添加正向查找区域

为了使 DNS 服务器能够将域名解析成 IP 地址，必须首先在 DNS 区域中添加正向查找区域。右击"正向查找区域"选择"新建区域"，如图 12-31 所示。

图 12-31　新建区域

点击"下一步"，使用新建区域向导创建区域，如图 12-32 所示。

图 12-32　使用新建区域向导创建区域

然后，创建主要区域，如图 12-33 所示。

图 12-33　创建主要区域

接下来，设置新区域的名称，如图 12-34 所示。

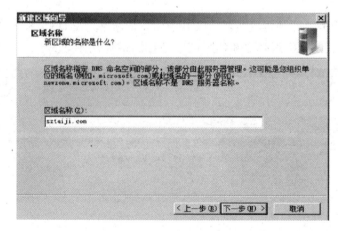

图 12-34　设置新区域的名称

然后创建新区域文件，如图 12-35 所示。

图 12-35　创建新区域文件

接下来，指定 DNS 区域接受安全、不安全或动态的更新，如图 12-36 所示。

图 12-36　设置动态更新选项

接下来，完成新建区域向导，如图 12-37 所示。

图 12-37　完成新建区域向导

点击"完成"按钮，完成向导，结果如图 12-38 所示。

图 12-38　完成向导

（4）添加资源记录

DNS 服务器配置完成后，要为所属的域提供域名解析服务，还必须在 DNS 域中添加各种 DNS 记录，如 Web 及 FTP 等使用 DNS 域名的网站都需要添加 DNS 记录来实现域名解析。以 Web 网站来举例，就需要添加主机记录，如图 12-39 所示。

图 12-39　添加主机记录

然后，选择"新建主机"，如图 12-40 所示。

图 12-40　设置主机名称和地址

在"名称"文本框中输入主机名称，如 WWW，在"IP 地址"文本框中键入主机对应的
IP 地址，单击"添加主机"按钮，提示主机记录创建成功，如图 12-41 所示。

图 12-41　成功创建主机记录

单击"确定"按钮，创建完成主机记录。这样，当用户访问该地址时，DNS 服务器即可
自动解析成相应的 IP 地址，按照同样步骤，可以添加其他多个主机记录。

（5）配置辅助 DNS

首先安装 DNS 服务器组件，然后在 DNS 服务器管理器中新建辅助区域，如图 12-42 所示。

图 12-42　创建辅助区域

然后，设置新建辅助区域名称，如图 12-43 所示。

图 12-43　设置新建辅助区域名称

接下来，设置主 DNS 服务器，如图 12-44 所示。

图 12-44　设置主 DNS 服务器

最后，完成新建辅助区域向导，如图 12-45 所示。

图 12-45　完成新建辅助区域向导

（6）配置主 DNS 服务器到辅助服务器的同步更新

在主服务器上打开 DNS 服务器属性，如图 12-46 所示。

图 12-46　服务器属性

配置区域传送，在"允许区域传送"选项中配置允许到辅助服务器，如图 12-47 所示。

图 12-47　配置区域传送

（7）配置 DNS 客户机

在客户端计算机上设置 DNS 选项，在首选 DNS 服务器上填上 DNS 服务器的 IP 地址，如图 12-48 所示。

图 12-48　配置 DNS 客户机

（8）DNS 解析测试

在 DNS 客户端计算机上用 nslookup 命令解析www.sztaiji.com，能够解析出 IP 地址，如图 12-49 所示。

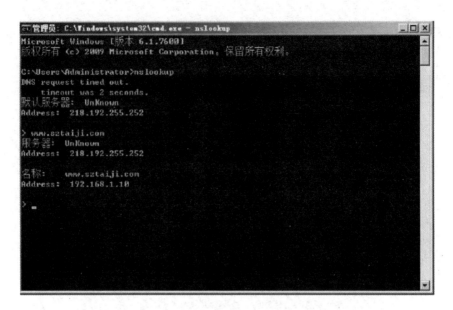

图 12-49　测试 DNS 服务器运行状况

【思考题】

1. DHCP 服务器提供哪些服务？
2. DNS 服务器提供哪些服务？
3. 如何安装并配置 DHCP 服务器端？
4. 如何配置 DHCP 客户端？
5. 如何安装并配置 DNS 服务器端？
6. 如何配置 DNS 客户端？

实训项目十三　无线网络的组建

【实训目的】

1. 掌握无线局域网的组建方法。
2. 学会设置无线路由器安全参数及 DHCP 功能。
3. 学会设置局域网通过无线路由器连接因特网。

【实训内容】

1. 组建无中心的无线对等网，并测试网络中主机间的连通性。
2. 组建有中心的无线网络，并将局域网主机通过无线路由器与互联网连接。

【实训环境】

无线网卡两张或两张以上，主机两台或两台以上，无线路由器或无线 AP 一台，实训拓扑图如图 13-1 和图 13-2 所示。

图 13-1　无中心无线对等网络拓扑　　　　图 13-2　接入点无线网络拓扑结构

说明：无中心无线对等局域网，各主机之间没有中心，不分服务器和客户机，故称为对等网络；接入点无线局域网以无线路由器或无线 AP 为中心接入点，需要对无线接入点设备和主机进行设置，才能组建局域网，故称接入点无线网络。

【理论基础】

1. 无线网络标准

无线网络是利用无线电波作为信息传输的媒介构成的无线局域网（WLAN），与有线网络的用途十分类似，最大的不同在于传输媒介的不同，利用无线电技术取代网线，可以和有线网络互为备份。

常见标准有以下几种。

IEEE802.11a：使用 5GHz 频段，传输速率 54Mbps，与 IEEE 802.11b 不兼容。

IEEE 802.11b：使用 2.4GHz 频段，传输速率 11Mbps。

IEEE802.11g：使用 2.4GHz 频段，传输速率主要有 54Mbps、108Mbps，可向下兼容 IEEE 802.11b。

IEEE802.11n：使用 2.4GHz 频段，传输速率可达 300Mbps，2009 年 9 月 11 日，IEEE 标准委员会批准通过 802.11n 成为正式标准。

2. 三种无线安全类型

① WPA-PSK/WPA2-PSK 安全类型其实是 WPA/WPA2 的一种简化版本，它基于共享密钥的 WPA（Wi-Fi Procted Access）模式，安全性很高，设置也比较简单，适合普通家庭用户和小型企业使用。

② WPA/WPA2 是一种比 WEP 强大的加密算法，选择这种安全类型，路由器将采用 Radius 服务器进行身份认证并得到密钥的 WPA 或 WPA2 安全模式。由于要架设一台专用的认证服务器，代价比较昂贵且维护也很复杂，所以不推荐普通用户使用此安全类型。

③ WEP 是 Wired Equivalent Privacy 的缩写，它是一种基本的加密方法，其安全性不如另外两种安全类型高。选择 WEP 安全类型，路由器将使用 IEEE 802.11 基本的 WEP 安全模式。这里需要注意的是因为 IEEE 802.11n 不支持此加密方式，如果选择此加密方式，路由器可能会工作在较低的传输速率上。

【实训步骤】

1. 安装无线网卡

① 将无线网卡插入计算机，并将驱动程序光盘放入光驱，系统会发现新硬件，如图 13-3 所示。

图 13-3　找到新硬件向导

② 选择"自动安装软件（推荐）"选项，单击"下一步"，开始硬件驱动自动安装，如图 13-4 所示。

图 13-4　自动安装无线网卡驱动

③ 驱动程序安装完成，无线网卡驱动也就安装成功了，如图 13-5 所示。

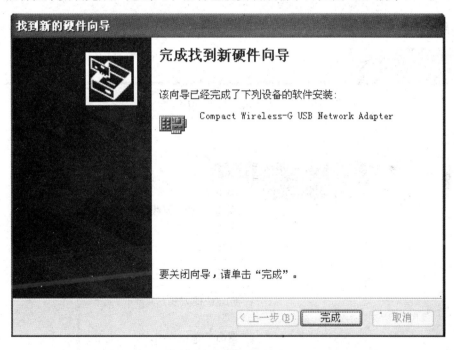

图 13-5　无线网卡安装完成

2. 组建无中心无线对等网络

以 Windows XP 系统为例介绍组建方法，拓扑图如图 13-1 所示。

① 主机无线网卡的设置。右击"网上邻居"图标，在右键菜单中选择"属性"命令，打开"网络连接"窗口，如图 13-6 所示。

② 鼠标右键单击"无线网络连接"图标，从弹出的快捷菜单中选择"属性"命令，如图 13-7 所示。

图 13-6　网络连接

图 13-7　无线网络连接属性

③ 在弹出"无线网络连接"的"属性"对话框中,选择"无线网络配置"选项卡,选择首选网络区域中的"添加"按钮,打开无线网络属性对话框,如图 13-8 所示。在"网络名 SSID"文本框中输入网络名,如 wireless,并取消"自动为我提供密钥"复选框的对勾,设置网络密钥为"12345678",单击"确定"按钮,完成网络号设置。返回到无线网络配置页。

图 13-8　无线网络属性

④ 在无线网络配置页面，单击"高级"按钮，在弹出的"高级"对话框中选中"仅计算机到计算机（特定）"单选按钮，如图 13-9 所示，然后"关闭"，完成访问网络的设置。

图 13-9　要访问的网络

⑤ 在"无线网络连接"的"属性"对话框中选择"常规"选项卡，设置本地连接的 IP 地址为 192.168.10.1，子网掩码为 255.255.255.0，完成网络 IP 地址的设置，如图 13-10 所示。

图 13-10　TCP/IP 属性

⑥ 在其他计算机中，按照同样的方法进行设置，只是将本地连接的 IP 地址设成同网段的其他 IP 地址即可，如 192.168.10.2，这样就完成了无中心的无线对等网络的设置。

⑦ 在本计算机的网络连接页面中，单击左侧网络任务中"查看可用的无线网络"按钮，如图 13-11 所示，选择"wireless"，单击连接即可。

图 13-11　连接无线网络

⑧ 关闭 Windows 防火墙，在本机 ping 另外一台计算机，测试无线网络的连通性，如图 13-12 所示。

3. 接入点无线网络的组建

① 接通无线路由器的电源，启动无线传输功能，将管理主机放置在无线路由器的周围。拓扑图如图 13-2 所示。

② 将管理主机通过一根网线连接到无线路由器的 LAN 接口中的一个端口，并将主机的本地连接属性设置为"自动获得 IP 地址"，即可获得无线路由器分配的 192.168.0.100 地址，如图 13-13 所示。无线路由器的 IP 地址为 192.168.0.1。

```
命令提示符                                                          _ □ ×

Microsoft Windows XP [版本 5.1.2600]
(C) 版权所有 1985-2001 Microsoft Corp.

C:\Documents and Settings\Administrator>ping 192.168.10.2

Pinging 192.168.10.2 with 32 bytes of data:

Reply from 192.168.10.2: bytes=32 time=2ms TTL=64
Reply from 192.168.10.2: bytes=32 time=2ms TTL=64
Reply from 192.168.10.2: bytes=32 time<1ms TTL=64
Reply from 192.168.10.2: bytes=32 time=1ms TTL=64

Ping statistics for 192.168.10.2:
    Packets: Sent = 4, Received = 4, Lost = 0 (0% loss),
Approximate round trip times in milli-seconds:
    Minimum = 0ms, Maximum = 2ms, Average = 1ms

C:\Documents and Settings\Administrator>
```

图 13-12　使用 ping 命令查看无线局域网主机间的连通性

图 13-13　本地连接获得的地址信息

③ 使用 ping 命令测试管理机和无线路由器之间的连通性，如图 13-14 所示。

```
C:\Documents and Settings\Administrator>ping 192.168.0.1

Pinging 192.168.0.1 with 32 bytes of data:

Reply from 192.168.0.1: bytes=32 time<1ms TTL=255
Reply from 192.168.0.1: bytes=32 time<1ms TTL=255
Reply from 192.168.0.1: bytes=32 time<1ms TTL=255
Reply from 192.168.0.1: bytes=32 time<1ms TTL=255

Ping statistics for 192.168.0.1:
    Packets: Sent = 4, Received = 4, Lost = 0 (0% loss),
Approximate round trip times in milli-seconds:
    Minimum = 0ms, Maximum = 0ms, Average = 0ms

C:\Documents and Settings\Administrator>
```

图 13-14　管理机和无线路由器的连通性测试

④ 登录无线路由器。在 IE 浏览器的地址栏输入"http://192.168.0.1"，打开路由器的管理界面，如图 13-15 所示。输入账号"admin"，单击"登录"按钮，打开无线路由器的管理界面。

图 13-15　登录无线路由器

⑤ 在无线路由器的管理界面中，选择"安装"选项卡下面的因特网连接，设置 WAN 口的 IP 地址、子网掩码、网关及 DNS，如图 13-16 所示，保存设置。这里是对无线路由器的 WAN 口设置，地址信息应该是网管中心或 ISP 分配的。

图 13-16　无线路由器的 WAN 口设置

⑥ 在主界面中，单击左边的"无线连接"选项，设置无线网络名称"computer"，安全模式选择"启用 WPA/WPA2 无线安全（增强）"，网络密钥为"01234567"，如图 13-17 所示。

⑦ 选择"网络设置"，设置无线路由器的局域网配置信息，如路由器的 IP，子网掩码，DNS 中继，DHCP 功能，DHCP 的 IP 地址范围和租用时间，如图 13-18 所示，这里是对局域网进行的设置。保存设置并重启路由器，对无线路由器的设置已经完成并生效。

图 13-17　无线网络设置

图 13-18　网络设置

⑧ 配置主机的无线网卡信息。右击"无线网络连接"并选择"属性"命令,打开"无线网络连接属性"对话框,在常规选项卡中设置无线网卡的 TCP/IP 属性为自动获得 IP 地址和 DNS 服务器地址,如图 13-19 所示。选择"无线网络配置"选项卡,然后单击"高级",设置要访问的网络为"任何可用的网络(首选访问点)",如图 13-20 所示。

图 13-19　设置为 DHCP 客户端

图 13-20　要访问的网络为"任何可用的网络"

⑨　单击图 13-20 中的"关闭"按钮，返回到"无线网络配置"。单击"查看无线网络"按钮，查看可用的无线网络，如图 13-21 所示。选择 computer，单击连接，并输入密钥"01234567"，再单击连接按钮，即可连接到无线路由器，如图 13-22 所示。

图 13-21　连接无线路由器

图 13-22　computer 已连接

其他计算机也是用同样的方法连接到无线路由器。

⑩　查看本主机无线网卡获得的地址信息，如图 13-23 所示。

图 13-23　无线网卡的地址信息

⑪　本机用 ping 命令测试和其他主机的连通性。另一台主机获得的 IP 地址为 192.168.0.102。结果显示两台主机已连通，如图 13-24 所示。

```
C:\Documents and Settings\Administrator>ping 192.168.0.102

Pinging 192.168.0.102 with 32 bytes of data:

Reply from 192.168.0.102: bytes=32 time=5ms TTL=64
Reply from 192.168.0.102: bytes=32 time=1ms TTL=64
Reply from 192.168.0.102: bytes=32 time=2ms TTL=64
Reply from 192.168.0.102: bytes=32 time=2ms TTL=64

Ping statistics for 192.168.0.102:
    Packets: Sent = 4, Received = 4, Lost = 0 (0% loss),
Approximate round trip times in milli-seconds:
    Minimum = 1ms, Maximum = 5ms, Average = 2ms

C:\Documents and Settings\Administrator>_
```

图 13-24　本机和其他主机的连通性测试

至此，无线路由器将多台计算机已经连接起来，组成了有中心的无线局域网。

⑫　因为无线路由器设置了因特网的信息，所以局域网中的主机可以访问互联网了，如图 13-25 所示，主机通过 IE 浏览器打开了百度服务器的主页面，互联网连接成功。

图 13-25　主机通过无线路由器访问互联网

【实训总结】

① 本实训内容包括网卡的安装、网卡的设置、无线路由器的设置以及局域网主机之间的测试和主机访问互联网的测试，是一个很完整的无线组网实验，对大家掌握无线组网方法很有帮助。

② 在设置无中心对等网时，也要设置网络密钥，主机采用网络密钥作为数据加密参数，保证数据在传输过程中的安全性。但在连接无线网络时，不需要密码。

实训项目十四　简单 Socket 网络程序开发

【实训目的】

1. 掌握套接字的基本知识。
2. 套接字相关的 API 及应用。

【实训内容】

1. 熟悉套接字基本知识。
2. 使用 VC++进行网络编程。

【实训环境】

1~2 台装有 VC++ 6.0 的 PC 机。

【理论基础】

1. Winsock 的基本概念

Socket 在英文中是"插座"的意思，它的设计者实际上暗指电话插座。因为在 Socket 环境下编程很像是模拟打电话，Internet 的 IP 就是电话号码，要打电话，需要电话插座，在程序中就是向系统申请一个 Socket，以后两台机器上的程序"交谈"都是通过这个 Socket 来进行的。对程序员来说，也可以把 Socket 看成一个文件指针，只要向指针所指的文件读写数据，就可以实现双向通信。利用 Socket 进行通信，有两种主要方式。第一种是面向连接的流方式，在这种方式下，两个通信的应用程序之间先要建立一种连接链路，其过程好像在打电话。一台计算机（电话）要想和另一台计算机（电话）进行数据传输（通话），必须首先获得一条链路，只有确定了这条通路之后，数据（通话）才能被正确接收和发送。这种方式对应的是 TCP（Transport Control Protocol）。第二种是无连接的数据报方式，这时两台计算机像是把数据放在一个信封里，通过网络寄给对方，信在传送的过程中有可能会残缺不全，而且后发出的信也有可能会先收到，它对应的是 UDP（User Datagram Protocol）。流方式的特点是通信可靠，对数据有校验和重发的机制，通常用来进行数据文件的传输，如 FTP、Telnet 等；数据报方式由于取消了重发校验机制，能够达到较高的通信速率，可用于对数据可靠性要求不高的通信，如实时的语音、图像转送和广播消息等。

在 ISO 的 OSI 网络七层协议中，Winsock 主要负责控制数据的输入输出，也就是传输层和网络层。Winsock 屏蔽了数据链路层和物理层，它的出现给 Windows 下的网络编程带来了巨大的变化。

2. Winsock 基本的 API

（1）WSAStartup 函数

int PASCAL FAR WSAStartup (WORD wVersionRequested, LPWSADATA lpWSAData);

本函数必须是应用程序或 DLL 调用的第一个 Windows Sockets 函数。它允许应用程序或

DLL 指明 Windows Sockets API 的版本号及获得特定 Windows Sockets 实现的细节。应用程序或 DLL 只能在一次成功的 WSAStartup()调用之后才能调用进一步的 Windows Sockets API 函数。

参数 wVersionRequested 表示要使用的 Windows Sockets API 版本；这是一个 WORD 类型的整数。它的高位字节指出副版本(修正)号，低位字节指明主版本号。 程序中可以使用宏 MAKEWORD(X,Y)（其中，X 是高位字节，Y 是低位字节）设置这个参数。lpWSAData 是指向 WSADATA 数据结构的指针，WSAStartup 加载的动态库的有关信息都填充在这个结构中。

WSAStartup 调用成功返回 0，返回失败则有以下可能值。

WSASYSNOTREADY：网络设备没有准备好。

WSAVERNOTSUPPORTED：Winsock 的版本信息号不支持。

WSAEPROCLIM：已经达到 Winsock 使用量的上限。

WSAEFAULT：lpWSAData 不是一个有效的指针。

（2）socket 函数

SOCKET socket(int af, int type, int protocol);

为了进行网络通信，一个进程必须做的第一件事就是调用 socket 函数，指定期望的通信协议类型。socket 函数的语法要点如下。

① 函数原型

```
int socket(    int family,      /*协议族*/
               int type,        /*套接字类型*/
               int protocol)    /*0（原始套接字除外）*/
```

其中 family 参数指明协议族（family），它通常取表 14-1 中的某个值。该参数也常常被称为协议域（domain）。type 参数指明套接字的类型，它通常取表 14-2 中的某个常值。protocol 参数用来指定所选择的参数类型，通常设为 0，已选择所给定 family 和 type 组合的系统默认值。socket 函数调用成功时，返回一个非负整数值，它与文件描述符类似，通常将其称为套接口描述字，简称套接字。

表 14-1 family 取值含义

family	含　义
AF_INET	IPv4 协议
AF_INET6	IPv6 协议
AF_LOCAL	Unix 域协议
AF_ROUTE	路由套接字（socket）
AF_KEY	密钥套接字（socket）

表 14-2 type 取值含义

type	含　义
SOCK_STREAM	字节流套接字 socket
SOCK_DGRAM	数据报套接字 socket
SOCK_RAW	原始套接字 socket

② 函数返回值

成功：非负套接字描述符。

出错：−1。

socket 函数的返回值是由 Winsock 定义的一种数据类型 SOCKET，它实际是一个整型数据。当套接字创建成功时，Winsock 分配给程序一个套接字编号，后面调用传输函数时，就可以像文件指针一样引用。

如果套接字建立失败，函数的返回值为 INVALID_SOCKET。通常，函数失败的原因是程序中忘记调用 WSAStartup，没有启动 Winsock 动态库。

（3）bind 函数

函数 bind 用来命名一个套接字，它为该套接字描述符分配一个半相关属性，其语法要点如下。

① 函数原型

```
int bind(         int sockfd, /*套接字描述符*/
                  struct sockaddr *my_addr, /*本地地址*/
                  int addrlen) /*地址长度*/
```

参数 sockfd 指定了套接字描述符，这个值由函数 socket 返回；参数 my_addr 是一个指向 struct sockaddr 的指针，包含套接字的相关属性——协议、地址和端口信息；参数 addrlen 指定了该协议地址结构的长度，一般设置为 sizeof（struct sockaddr）。

② 函数返回值

成功：0。

出错：−1。

（4）connect 函数

TCP 客户端调用 connect 函数向 TCP 服务器端发起通信连接请求，其语法要点如下。

① 函数原型

```
int connect(      int sockfd,                    /*套接字描述符*/
                  struct sockaddr *serv_addr,   /*服务器端地址*/
                  int addrlen)                   /*地址长度*/
```

函数 connect 连接两个指定的套接字，参数 sockfd 是本地套接字描述符，由 socket 函数返回；指针 serv_addr 指定了服务器端套接字的地址结构，包括协议、地址和端口信息等；参数 addrlen 指定了地址结构的长度，一般设置为 sizeof（struct sockaddr）。

② 函数返回值

成功：0。

出错：−1。

（5）listen 函数

TCP 的服务器端必须调用函数 listen 才能使套接字进入监听状态，其语法要点如下。

① 函数原型

```
int listen(       int sockfd, /*套接字描述符*/
                  int backlog) /*请求队列中允许的最大请求数，大多数系统缺省值为 20*/
```

参数 sockfd 是调用 socket 创建的套接字；参数 backlog 确定了套接字 sockfd 接收连接的最大数目。

② 函数返回值

成功：0。

出错：−1。

（6）accept 函数

服务器端套接字在进入监听状态后，必须通过调用 accept 函数接收客户进程提交的连接请求，才能完成一个套接字的完整连接，其语法要点如下。

① 函数原型

```
int accept(        int sockfd,              /*套接字描述符*/
                   struct sockaddr *addr,   /*客户端地址*/
                   socklen_t *addrlen)      /*地址长度*/
```

服务器进程调用函数 accept 接收客户端提交的连接申请，其中参数 sockfd 是一个由函数 socket 创建，函数 bind 命名，并调用函数 listen 进入监听的套接字描述符。

函数 accept 一旦调用成功，系统将创建一个属性与套接字 sockfd 相同的新的套接字描述符，用于与客户端通信，并返回该新套接字的标识符，而原套接字 sockfd 仍然用于监听。

参数 addr 用于存储连接成功的客户端地址结构，参数 addrlen 用于存储客户端地址结构占用的字节空间大小。如果不关心客户端套接字的地址信息，可以把参数 addr 和 addrlen 设置为 NULL。

② 函数返回值

成功：新的套接字描述符。

出错：−1。

（7）.send、recv 函数

这两个函数是最基本的，通过连接的流式套接字进行通信的函数。如果想使用无连接的数据报套接字进行通信，将要使用下面的 sendto 与 recvfrom 函数。

① send 函数的语法要点

a. 函数原型

```
int send(      int sockfd, /*套接字描述符*/
               const void *msg, /*指向要发送数据的指针*/
               int len, /*数据长度*/
               int flags) /*一般为 0*/
```

b. 函数返回值

成功：发送的字节数。

出错：−1。

② recv 函数的语法要点

a. 函数原型

```
int recv(      int sockfd, /*套接字描述符*/
               void *buf, /*存放接收数据的缓冲区*/
               int len, /*数据长度*/
               unsigned int flags) /*一般为 0*/
```

b. 函数返回值

成功：接收的字节数。

出错：−1。

recv 函数返回它所真正接收到的数据的长度，也就是存到 buf 中数据的长度。

（8）sendto 和 recvfrom 函数

这两个函数是进行无连接的 UDP 通信时使用的。使用这两个函数，则数据会在没有建立任何连接的网络上传输。因为数据报套接字无法对远程主机进行连接，在发送数据时用到的远程主机的 IP 地址和端口，都以参数形式体现在函数的参数中。

① sendto 函数的语法要点

a. 函数原型

```
int sendto(         int sockfd,              /*套接字描述符*/
                    const void *msg,         /*指向要发送数据的指针*/
                    int len,                 /*数据长度*/
                    unsigned int flags,      /*一般为 0*/
                    const struct sockaddr *to, /*目地机的 IP 地址和端口号信息*/
                    int tolen)               /*地址长度*/
```

b. 函数返回值

成功：发送的字节数。

出错：−1。

可以看到，这个函数和 send 函数基本一致，只是将远程主机的套接字地址结构以参数 to 出现在参数中。

② recvfrom 函数的语法要点

a. 函数原型

```
int recvfrom(       int sockfd, /*套接字描述符*/
                    void *buf, /*存放接收数据的缓冲区*/
                    int len, /*数据长度*/
                    unsigned int flags, /*一般为 0*/
                    struct sockaddr *from, /*源机的 IP 地址和端口号信息*/
                    int *tolen) /*地址长度*/
```

b. 函数返回值

成功：接收的字节数。

出错：−1。

同样的，recvfrom 函数和 recv 函数也基本一致。recvfrom 函数返回它接收到的字节数，如果发生了错误，它就返回−1。

（9）close 和 shutdown 函数

程序进行网络传输完毕后，需要关闭这个套接字描述符所表示的连接。实现这个非常简单，只需要使用标准的关闭文件的函数 close。执行 close 之后，套接字将不会再允许进行读操作和写操作。任何有关对套接字描述符进行读和写的操作都会接收到一个错误。

如果希望对套接字的关闭进行进一步操作，可以使用 shutdown 函数。它允许进行单向的关闭操作，或者全部关闭掉。其语法要点如下。

① 函数原型

```
int shutdown(       int sockfd, /*套接字描述符*/
                    int how) /*操作方式*/
```

其中参数 how 可以取下面的值：0 表示不允许接收数据；1 表示不允许发送数据；2 表示和 close 函数一样，不允许任何操作（包括接收与发送）。

② 函数返回值

成功：0。

出错：−1。

（10）closesocket 函数

① 函数原型

```
BOOL PASCAL FAR closesocket(Socket s /*要关闭的套接字*/ );
```

② 函数返回值

成功：0。

出错：SOCKET_ERROR。

使用以上 API，就可以实现一个基本的网络程序。为了理清思路，下面将这些 API 的调用过程用图 14-1 和图 14-2 表示。

图 14-1　面向连接的流方式过程

图 14-2　面向无连接的数据报过程

【实训步骤】

下面动手编写一个基于 TCP 的网络通信应用程序。

步骤 1：通过 VC 6.0 新建一个名为 TCPServer 的工程（网络通信程序的服务器端），在 VC 6.0 中通过菜单"文件"→"新建"打开如图 14-3 所示的新建窗口，选择工程页面下的 "Win32 Console Application"，并给工程命名为 TCPServer。然后用类似的方法创建一个工程 TCPClient（网络通信程序的客户端）。

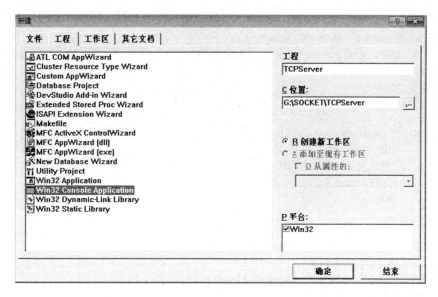

图 14-3　新建工程窗口

步骤 2：在新建窗口中选择文件页面，如图 14-4 所示，给工程 TCPServer 添加一个名为
TCPServer 的 C++ Source 文件作为服务器端的主文件。用类似的方法给 TCPClient 工程添加
一个名为 TCPClient 的 C++ Source 文件作为客户端的主文件。

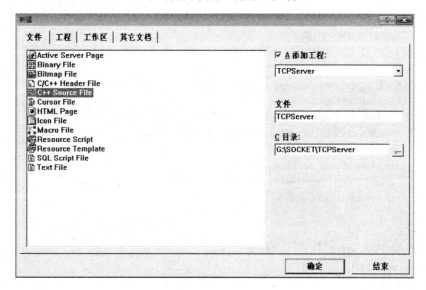

图 14-4　新建文件窗口

步骤 3：分别给服务器端和客户端添加代码。

TCP 服务器端 TCPServer 主文件的代码如下：

```
#include <winsock2.h>
#include <stdio.h>
main()
{
    WORD wVersionRequested ;
    WSADATA wsaData ;
```

```
        int err ;
        wVersionRequested = MAKEWORD( 1 , 1 ) ;
        err = WSAStartup( wVersionRequested , &wsaData ) ;
        if (err != 0) {
                return ;
        }

        if (LOBYTE( wsaData.wVersion ) !=1 ||
                HIBYTE( wsaData.wVersion ) !=1 ) {
                /*终止对 winsock 库的使用*/
                WSACleanup( ) ;
                return ;
        }

        SOCKET sockSrv = socket( AF_INET , SOCK_STREAM , 0 ) ;
        SOCKADDR_IN addrSrv ;
        addrSrv.sin_addr.S_un.S_addr = htonl( INADDR_ANY) ;
        addrSrv.sin_family = AF_INET ;
        addrSrv.sin_port = htons( 6000 ) ;

        bind( sockSrv , (SOCKADDR *)&addrSrv , sizeof( SOCKADDR )) ;

        listen( sockSrv , 5 ) ;

        SOCKADDR_IN addrClient ;
        int len = sizeof( SOCKADDR ) ;
        while( 1 )
        {
            SOCKET sockConn = accept( sockSrv , (SOCKADDR *)&addrClient , &len ) ;
              char sendBuf[100] ;
                sprintf( sendBuf , "Welcome %s " , inet_ntoa(addrClient.sin_addr)) ;
                send( sockConn , sendBuf , strlen(sendBuf)+1    , 0 ) ;
                char recvBuf[100] ;
                recv( sockConn , recvBuf , 100 , 0 ) ;
                printf( "%s\n" , recvBuf ) ;
                closesocket(sockConn) ;
        }
}
```
TCP 客户端 TCPClient 主文件的代码如下：
```
#include <winsock2.h>
#include <stdio.h>
main()
{
    WORD wVersionRequested ;
    WSADATA wsaData ;
    int err ;
    wVersionRequested = MAKEWORD( 1 , 1 ) ;
    err = WSAStartup( wVersionRequested , &wsaData ) ;
    if (err != 0) {
            return ;
    }
```

```
    if (LOBYTE( wsaData.wVersion ) !=1 ||
            HIBYTE( wsaData.wVersion ) !=1 ) {
            /*终止对 winsock 库的使用*/
            WSACleanup( ) ;
            return ;
    }

    SOCKET sockClient = socket( AF_INET , SOCK_STREAM , 0 ) ;
    SOCKADDR_IN addrSrv ;
    addrSrv.sin_addr.S_un.S_addr = inet_addr("127.0.0.1") ;
    addrSrv.sin_family = AF_INET ;
    addrSrv.sin_port = htons( 6000 ) ;

    connect( sockClient , (SOCKADDR *)&addrSrv , sizeof(SOCKADDR)) ;

    char recvBuf[100] ;
    recv( sockClient , recvBuf , 100 , 0 ) ;
    printf("%s\n" , recvBuf ) ;
    send(sockClient , "This is hjh" , strlen("This is hjh")+1 , 0 ) ;

    closesocket(sockClient) ;
    WSACleanup() ;
}
```

步骤 4：通过 VC 6.0 的菜单"工程"→"设置"打开工程设置窗口，如图 14-5 所示，选择 Link 页面，在"对象/库模块"下的文本框里给服务器端 TCPServer 工程添加库文件 ws2_32.lib。用类似的方法给客户端 TCPClient 工程添加库文件 ws2_32.lib。

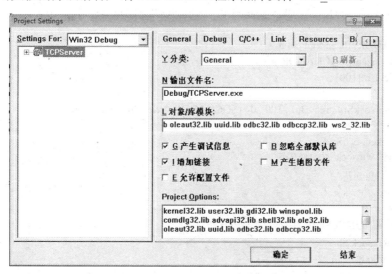

图 14-5　工程设置窗口

步骤 5：编译并运行 TCPServer 和 TCPClient 两个应用程序。

用类似的方法，可以做基于 UDP 的网络通信应用程序。下面分别给出 UDP 网络通信程序的服务器和客户端代码。

UDP 服务器端 UDPServer 主文件的代码如下：
```
#include <winsock2.h>
```

```c
#include <stdio.h>
main()
{
    //加载套接字库进行版本协商
    WORD wVersionRequested ;
    WSADATA wsaData ;
    int err ;
    wVersionRequested = MAKEWORD( 1 , 1 ) ;
    err = WSAStartup( wVersionRequested , &wsaData ) ;
    if (err != 0) {
            return ;
    }

    if (LOBYTE( wsaData.wVersion ) !=1 ||
            HIBYTE( wsaData.wVersion ) !=1 ) {
            WSACleanup( ) ;
            return ;
    }

    //创建套接字
    SOCKET sockSrv = socket( AF_INET , SOCK_DGRAM , 0 ) ;
    SOCKADDR_IN addrSrv ;
    addrSrv.sin_addr.S_un.S_addr = htonl(INADDR_ANY) ;
    addrSrv.sin_family = AF_INET ;
    addrSrv.sin_port = htons( 6000 ) ;

    //将套接字绑定到一个本地地址和端口上
    bind( sockSrv , (SOCKADDR *)&addrSrv , sizeof( SOCKADDR )) ;

    SOCKADDR_IN addrClient ;
    int len = sizeof( SOCKADDR ) ;
    char recvBuf[100] ;

    recvfrom(sockSrv , recvBuf , 100 , 0 , (SOCKADDR *)&addrClient , &len) ;
    printf("%s\n",recvBuf) ;
    closesocket(sockSrv) ;
    /*终止对 winsock 库的使用*/
    WSACleanup() ;

}
```

UDP 客户端 UDPClient 主文件的代码如下：

```c
#include <winsock2.h>
#include <stdio.h>
main()
{
    //加载套接字库进行版本协商
    WORD wVersionRequested ;
    WSADATA wsaData ;
    int err ;
    wVersionRequested = MAKEWORD( 1 , 1 ) ;
    err = WSAStartup( wVersionRequested , &wsaData ) ;
    if (err != 0) {
```

```
        return ;
    }

    if (LOBYTE( wsaData.wVersion ) !=1 ||
        HIBYTE( wsaData.wVersion ) !=1 ) {
        WSACleanup( ) ;
        return ;
    }

    //创建套接字
    SOCKET sockClient = socket( AF_INET , SOCK_DGRAM , 0 ) ;
    SOCKADDR_IN addrSrv ;
    addrSrv.sin_addr.S_un.S_addr = inet_addr("127.0.0.1") ;
    addrSrv.sin_family = AF_INET ;
    addrSrv.sin_port = htons( 6000 ) ;

    sendto(sockClient , "hello" , strlen("hello")+1 , 0 , (SOCKADDR *)&addrSrv , sizeof(SOCKADDR)) ;

    closesocket(sockClient) ;
    //终止对 winsock 库的使用
    WSACleanup() ;
}
```

【实训总结】

本次实训主要学习网络编程的相关知识。通过编写网络通信程序，理解网络通信的相关原理。通过本次实训，学生应掌握套接字相关的 API 及应用；掌握网络编程的一般步骤。

【思考题】

查阅相关资料，看看如何使用多线程来实现多个客户端与服务器的通信。

实训项目十五　硬件防火墙规则配置

【实训目的】

掌握设置 PIX 防火墙的方法。

【实训内容】

Cisco 硬件防火墙的主要特点、防火墙的初始化配置方法以及工作配置与管理方式。

【实训环境】

某公司使用 Cisco PIX 515 防火墙连接到 Internet，ISP 分配给该公司一段公网 IP 地址为 61.1.1.2～61.1.1.254。公司网络管理员决定在 DMZ 区域放置一台 Web 服务器和一台 FTP 服务器，要求能够让内网（Inside）用户能够访问其 Web 服务器和 FTP 服务器，并且使用 61.1.1.3 和 61.1.1.4 这两个全局 IP 地址分别将 Web 服务器和 FTP 服务器发布到 Internet，供外部网络用户访问。

本实训所应用的拓扑图如图 15-1 所示。

图 15-1　硬件防火墙配置拓扑图

【理论基础】

思科 PIX 防火墙可以保护各种网络。有用于小型家庭网络的 PIX 防火墙，也有用于大型园区或者企业网络的 PIX 防火墙。在本例中，将设置一种 PIX 501 型防火墙。PIX 501 是用于中小型家庭网络或者中小企业的防火墙。

PIX 防火墙有内部和外部接口的概念。内部接口是内部的，通常是专用的网络。外部接口是外部的，通常是公共的网络。要设法保护内部网络不受外部网络的影响。

1. 什么是 PIX 防火墙

PIX（Private Internet Exchange，专用互联网络交换）是 Cisco 公司开发的专用硬件防火墙。PIX 硬件防火墙使用 PIX 操作系统，和 Cisco 路由器的 IOS 看起来非常接近，但是它们的配置还是有一定的区别，而且不同版本的 PIX 操作系统的配置也有所不同，其主要版本有 PIX6.X 和 PIX7.X 两大系列。PIX 防火墙 500 系列有多种型号，如 PIX501、PIX506E、PIX515E、PIX525、PIX535 等，不同型号的防火墙适合于不同的单位或公司的需求。

2. 接口类型

硬件防火墙常见的接口类型有以太网口（RJ-45 网卡）、配置口（console）、USB 接口、Failover（故障切换）口，还有 PCI 扩展口。

一般情况下，现在的硬件防火墙的以太网接口有三个，即 Inside 接口、Outside 接口和 DMZ（停火区）接口，分别连接着内部网络、外部网络和隔离网络。早期的防火墙只有两个接口，没有 DMZ 接口。现分别对这三个接口所连接的网络描述如下。

内部网络：是指企业/单位内部的网络。它是互联网络中受信任的区域，得到防火墙的保护。Inside 接口用来连到一台局域网交换机上，该交换机再连接到内部网络。

外部网络：是指 Internet 或者非企业/单位内部的网络。它是互联网络中不被信任的区域，当外部网络要访问内部网络的主机或服务器时，可通过防火墙实现有限制的访问。Outside 接口用来连到一台 Internet 路由器中，这台路由器再连接到 Internet 上。

停火区：是指一个隔离的网络，也称非军事区（DMZ）。位于停火区中的主机或服务器被称为堡垒主机。一般情况下停火区可以放置 Web 服务器、Mail 服务器、FTP 服务器等。停火区除了可以让内部用户访问外，通常对于外部用户也是开放的，这种方式可让外部用户访问企业/单位内部公开的信息，但却不允许他们访问企业/单位内部的网络资源。

3. 参数指标

参数指标通常用来衡量一台防火墙的性能。常见的重要参数有并发连接数、网络吞吐量、安全过滤带宽、CPU 频率、内存容量、有无用户数限制等。

4. 硬件防火墙的发展

随着硬件防火墙技术的不断发展，其功能也越来越强大，现在的硬件防火墙除了具有传统的防火墙功能外，还具有 VPN（虚拟专用网络）、IDS（入侵检测系统）、NAT（网络地址转换）、身份认证、抗病毒攻击、自我保护等多种功能。目前，这种集多种网络功能为一体的设备被称为 UTM（Unified Threat Management，统一威胁管理）设备。

5. 防火墙的配置思想

默认情况下，所有的防火墙都是按以下两种情况配置的。

① 拒绝所有的流量，这需要在网络中特殊指定能够进入和出去的流量的一些类型。

② 允许所有的流量，这种情况需要特殊指定要拒绝的流量的类型。

不过大多数防火墙默认都是拒绝所有的流量作为安全选项。一旦安装防火墙后，需要打开一些必要的端口来使防火墙内的用户在通过验证之后可以访问系统。换句话说，如果想让内部用户能够发送和接收 E-mail,必须在防火墙上设置相应的规则或开启允许 POP3 和 SMTP 的进程。

在实际配置防火墙时定义的规则如下。

① 防火墙拒绝所有不被允许的数据包通过。

② 内网用户发起的连接可回应数据包,通过 ACL 开放的服务器允许外网用户发起连接。

③ Inside 网络可以访问任何 Outside 网络和 DMZ 网络。

④ DMZ 网络可以访问 Outside 网络。

⑤ Inside 网络可以访问 DMZ 网络，但需要配置 static（静态地址转换）。

⑥ Outside 网络可以访问 DMZ 网络，但需要配置 acl（访问控制列表）。

6. 防火墙的配置模式

防火墙的配置模式与路由器类似，有四种配置模式。

① firewall> 用户模式：PIX 防火墙开机自检后，就是处于这种模式。

② firewall# 特权模式：从用户模式输入 enable 命令进入。

③ firewall(config)# 配置模式：从特权模式输入 configure terminal 进入此模式。

④ monitor> ROM 监视模式：开机按住 Esc 键或发送一个"Break"字符，进入监视模式。此模式下可以更新操作系统的映像和恢复口令。

提示：与路由器一样，在每一种模式下输入"？"可列出该模式下所有可用命令的功能介绍；输入某一个命令的前几个字符后按 Tab 键，系统可自动填充该命令的剩余字符。

7. 防火墙的初始化配置

与路由器一样，对于新购买的防火墙也需要经过基本的初始配置后才能使用。对于防火墙的初始配置方法各种品牌的防火墙基本相同，下面就以 Cisco PIX 防火墙为例进行介绍防火墙的初始配置实训环境。

Cisco PIX 防火墙的本地初始化配置也是通过防火墙自带的控制电缆线一端连接防火墙的控制台（console）端口，另一端连接 PC 机的串口，如图 15-2 所示，再通过 Windows 系统自带的超级终端（Hyper Terminal）程序进行配置。具体配置步骤如下。

① 将 PIX 防火墙安放至机架，之后将 PIX 防火墙的 console 端口用一条防火墙自带的控制电缆线连接至 PC 机的串口。

② 经检测电源系统后接上电源，打开 PIX 防火墙电源开关，然后开启与防火墙连接的主机。

图 15-2　硬件防火墙的连接方式

③ 运行 PC 机 Windows 系统中的超级终端程序。超级终端的参数配置与前面介绍的路由器、交换机的配置一样，这里不再介绍。

④ 当 PIX 防火墙进入系统后显示"firewall>"提示符，说明已进入防火墙的用户模式，可以进行进一步的配置。

⑤ 输入 enable 命令进入特权模式，系统提示为"firewall#"。

⑥ 在特权模式下输入 configure terminal 命令进入全局配置模式，系统提示为"firewall(config)#"。此时可以对防火墙进行初始化配置。

防火墙初始化配置常配置的几个方面如下：设置防火墙名称、域名、登录密码；为防火墙接口分配 IP 地址；设置防火墙路由。

⑦ 保存配置：firewall#Write memory。

⑧ 退出当前模式：exit。

⑨ 查看端口状态：firewall#show interface。

⑩ 查看静态地址映射：firewall#show static。

8. 常用基本配置命令

以 PIX 防火墙 6.X 版本的操作系统为例，介绍其常用的基本配置命令。需要说明的是 6.X 版本与 7.X 版本的部分配置命令有一定的区别，在后面介绍时将会作出附加说明。

（1）设置防火墙的名称

命令格式：hostname name

Firewall(config)#hostname pix525　　　　　　　//设置防火墙的名称为 pix525

（2）设置防火墙的域名

命令格式：domain-name domain

Firewall(config)#domain-name 123.com　　　　　//设置防火墙域名为 123.com

（3）设置防火墙的登录密码

命令格式：passwd password

命令作用：提供 telnet 或 SSH 认证远程接入时使用。

Firewall(config)#passwd cisco　　　　　　　　　//设置防火墙的登录密码为 cisco

（4）设置防火墙的以太网接口名称及安全级别

命令格式：nameif　hardware_id　if_name security1-100

参数说明：hardware_id 为以太网卡物理编号，如 ethernet0、ethernet1，缺省配置情况下，ethernet0 被命名为外部接口（Outside），安全级别为 0，ethernet1 被命名为内部接口（Inside），安全级别为 100，ethernet2 被设置为 DMZ（非军事区/停火区）接口，其安全级别介于前两个接口之间(不过现在的硬件防火墙设备的接口上直接标有 DMZ 标识，方便用户连接)；if_name 为自定义网络接口名称，security 为安全级别，安全级别取值范围为 1～100，数字越大安全级别越高。

Firewall(config)#nameif ethernet0 outside security0
//设置 ethernet0 接口的名称为 outside，并设置安全级别为 0
Firewall(config)#nameif ethernet1 inside security100
//设置 ethernet1 接口的名称为 inside，并设置安全级别为 100
Firewall(config)#nameif ethernet2 dmz security50
//设置 ethernet2 接口的名称为 dmz，并设置安全级别为 50

（5）设置防火墙的以太网接口状态

命令格式：interface　hardware_id　hardware_status

参数说明：hardware_status 可选 auto、100full、shutdown，auto 选项设置网卡工作在自适应状态，100full 选项设置网卡工作在 100Mbps，全双工通信状态，shutdown 选项设置网卡接口为关闭，不加此选项则表示激活。

```
Firewall(config)#interface interface0 auto
Firewall(config)# interface interface1 100full                    //设置 100Mbps 全双工方式通信
Firewall(config)# interface interface1 100full shutdown      //设置关闭此接口
```

（6）设置防火墙以太网接口 IP 地址

命令格式：ip address if_name   ip_address   mask

参数说明：if_name 为网络接口名称，ip_address 为 IP 地址，mask 为子网掩码。

```
Firewall(config)#ip address outside 61.131.24.250 255.255.255.248
//设置外网接口(Outside)IP 地址为 61.131.24.250
Firewall(config)# ip address inside 192.168.0.1    255.255.255.0
//设置内网接口(Inside)IP 地址为 192.168.0.1
```

在 PIX 防火墙的 7.X 版本的操作系统中配置以太网接口的属性类似于 Cisco 路由器的配置方法，它的配置相当于以下三条命令的综合，配置命令如下：

```
Pix525(config)#interface Ethernet2                        //进入 e2 接口
Pix525(config)#no shutdown                                //激活该接口
Pix525(config)#nameif dmz                                 //为该接口命名为 dmz
Pix525(config)#security-level 50                          //为该接口设置安全级别
Pix525(config)#speed auto                                 //设置接口为自适应状态
Pix525(config)#duplex auto                                //设置接口速率为全双工
Pix525(config)#ip address 61.131.24.250 255.255.255.240   //为该接口分配 IP 地址
```

（7）配置静态路由

命令格式：route if_name 0 0 gateway_ip [metric]

命令作用：设置指向内网和外网的静态路由。

参数说明：if_name 表示网络接口名称，如 inside、outside；0 0 代表所有的主机；gateway_ip 表示网关路由器的 IP 地址或称下一跳路由器；metric 表示路由跳数，缺省值为 1。

```
Firewall(config)#route outside 0 0 61.131.24.241 1               //设置缺省路由从 outside 接口出去，
```
下一跳 IP 地址为 61.131.24.241，0 0 代表 0.0.0.0 0.0.0.0，表示任意网络的所有主机。本条命令的意思为当所有的主机在访问外网时可从 IP 地址为 61.131.24.241 这个出口出去
```
Firewall(config)#route inside 192.168.1.0 255.255.255.0 10.1.0.1 1     //设置去往 192.168.1.0 这个网络的下
```
一跳出口 IP 地址为 10.1.0.1，最后的 1 表示跳数

9．防火墙的工作配置与管理

（1）配置访问控制列表

命令格式：access-list {acl_name|acl_id} {permit |deny} protocol source-addr mask [operator port] dest-addr mask [operator port]

命令作用：通过配置防火墙的访问控制列表（ACL），来过滤流入和流出防火墙接口的数据包，以保证内部网络的安全。在防火墙的安全策略中对访问控制列表（ACL）的配置是很重要的。

提示：删除访问列表只要在配置命令前面加 no 就可以了。

参数说明：acl_name 为定义访问列表名称（类似于路由器中定义命名访问控制列表），acl_id 为定义访问列表编号，这两种选项任选一种，定义好之后为 ip access-group 命令在绑定接口时使用；permit 表示允许满足条件的报文通过，deny 表示禁止满足条件的报文通过；protocol 为协议类型，如 ICMP、TCP、UDP、IP 等；（提示：host 和 any 在这里仍可使用，其使用方法与路由器中定义访问控制列表相同。）source-addr 为指定报文发送方的网络或主机的 IP 地址（源地址），dest-addr 为指定报文发往的网络或主机的 IP 地址（目的地址），如果在它们的 IP 地址之前加 host 关键词则表示指定一个单一的地址，加 any 关键词表示所有

地址；mask 为 IP 地址的子网掩码，其方式与 Cisco 路由器的 access-list 命令不同，这里使用的是网络掩码（如 C 类网掩码 255.255.255.0），而 Cisco 路由器的 access-list 中使用的是通配符（即 0.0.0.255），不输入则代表通配位为 0.0.0.0；operator（可选项）为端口操作符，如等于（eq）、大于（gt）、小于（lt）、不等于（neq）或介于（range），如果操作符为 range，则后面需要跟两个端口；port（可选项）为协议类型为 TCP 或 UDP 时指定一个名称（如 telnet、ftp、dns 等）或整数值（可取 0~65535 之间的一个数值）。

举例：

Pix(config)#access-list 101 permit tcp any host 61.131.24.250 eq http   //设置允许任何源地址以 HTTP 方式访问目的地址为 61.131.24.250 这台主机

Pix(config)#access-list 101 deny ip any any   //设置拒绝任何数据包流入或流出

以上两条命令的编号 101 也可用命名形式(如"out_in")代替。

在 PIX 防火墙上配置一个"允许源地址为 192.168.1.0 的网络以 WWW 方式访问目的地址为 192.168.2.0 的网络，但不允许以 FTP 方式访问"的访问规则，相应的配置语句如下：

Pix525(config)#access-list 100 permit tcp 192.168.1.0 255.255.255.0 192.168.2.0 255.255.255.0   eq www

Pix525(config)#access-list 100 deny tcp 192.168.1.0 255.255.255.0 192.168.2.0 255.255.255.0   eq ftp

以上两条命令还可以写成如下形式：

Pix525(config)#access-list in_out permit tcp 192.168.1.0   255.255.255.0 192.168.2.0 255.255.255.0   eq 80

Pix525(config)#access-list in_out deny tcp 192.168.1.0   255.255.255.0 192.168.2.0 255.255.255.0   eq 21

（2）将访问控制列表规则应用到接口上

命令格式：access-group {acl_name | acl_id} {in|out} interface interface_name

命令作用：将 ACL 应用到防火墙的接口，使 ACL 规则生效，以实现对报文过滤的功能。

提示：一个接口的一个方向上最多可以应用 20 类不同的规则，这些规则之间按照规则序号的大小进行排列，序号大的排在前面，也就是优先级高。

参数说明：acl_name 是指访问控制列表名称，acl_id 为访问控制列表编号；in 表示接口过滤入站流量，out 表示接口过滤出站流量； interface_name 为网络接口名称，如 Inside、Outside。

（3）网络地址转换

命令格式：nat (if_name) nat_id local_ip netmark

命令作用：指定需要将内部网络中的私有 IP 地址转换为公网 IP 地址。本命令要与 global 命令配合使用，因为 nat 命令可以指定一台主机或一段范围的主机访问外网，而访问外网时需要利用 global 所指定的地址池进行对外访问，即 nat 指定内部网络私有 IP 地址，golbal 指定外部网络公有 IP 地址，然后通过 nat_id 号将这两个命令联系在一起。

参数说明：if_name 为网络接口名称，一般表示内部网络接口名称（如 inside），此参数可以省略不写；nat_id 为地址池标识号，由 global 命令定义；local_ip 表示内网的 IP 地址，对于 0.0.0.0 表示内网所有主机，也可以用一个 0 来代替；netmark 表示内网 IP 地址的子网掩码。

举例：

Firewall(config)#nat (inside) 1 0 0 //设置内网的所有主机都可以访问由 global 指定的外网。1 为 global 命令定义的地址池标识符，0 0 表示内网所有的主机；参数（inside）表示内部网络的接口名称

Firewall (config)#nat (inside) 1 172.16.5.0 255.255.255.0 //设置只有 172.16.5.0 网段的主机可以访问 global 指定的外网

（4）指定外部公网地址范围

命令格式：global（if_name）nat_id　　start_ip---end_ip | interface [netmark global_mask]

命令作用：负责将内网的私有 IP 地址转换成一个公网 IP 地址或一段公网 IP 地址，即由 nat 命令所指定的内部 IP 地址转换成公网 IP 地址，然后才能访问外部网络。

参数说明：if_name 表示接口名称，一般指外部网络接口名称(Outside)，如果 if_name 为 dmz，则表示将 nat 命令所指定的 IP 地址转换成 DMZ 区域的网络地址；nat_id 为地址池标识号（供 nat 命令引用）；start_ip---end_ip 表示一段公网 IP 地址范围，也可以为单个 IP 地址，当表示单个 IP 地址时也可以使用关键词 interface 来表示所有数据包从 Outside 这个接口出去（即使用 interface 代表 Outside 接口的 IP 地址）；netmark global_mask 表示全局 IP 地址的网络掩码，可省略。

举例：

Firewall (config)#global (outside) 1 233.0.0.1-233.0.0.15　//设置全局地址池 1 对应的 IP 地址范围为 233.0.0.1~233.0.0.15，本命令的作用可将 nat 命令所指定的内网私有 IP 地址转换成 233.0.0.1~233.0.0.15 这个范围中的全局 IP 地址，从而可以访问外部网络

Firewall(config)#global (outside) 1 233.0.0.1　//设置地址池 1 只有一个 IP 地址为 233.0.0.1，本命令的作用可将 nat 命令指定的内网私有 IP 地址转换成 233.0.0.1 这个公网 IP 地址来访问外部网络

Firewall(config)#golbal (outside) 1 61.131.24.240-61.131.24.255 netmask 255.255.255.240　//设置全局地址池 1 的 IP 地址范围为 61.131.24.240~61.131.24.255，并指定相应的子网掩码

Firewall(config)#golbal (outside) 1 interface　//表示将 nat 命令所指定的内网私有 IP 地址转换成 Outside 接口的这个全局 IP 地址后访问外网

Firewall (config)#no global (outside) 1 233.0.0.1　//表示删除这个全局表项

（5）配置静态 IP 地址转换

命令格式：static(internal_if_name，external_if_name) outside_ip_address inside_ ip_address

命令作用：配置静态 IP 地址翻译，使内网的私有 IP 地址与外网的公有 IP 地址一一对应。本命令可以将一个特定的内部 IP 地址设置成一个永久的全局 IP 地址，这样就能够为具有较低安全级别的指定接口创建一个入口，使它们可以进入到具有较高安全级别的指定接口。

参数说明：internal_if_name 表示内部网络接口名称，安全级别较高，如 Inside；external_if_name 表示外部网络接口名称，安全级别较低，如 Outside；outside_ip_address 表示外部网络的公有 IP 地址；inside_ ip_address 表示内部网络的本地 IP 地址（注意这四个参数项的顺序）。

举例：

Firewall(config)#static (inside，outside) 61.131.24.241 192.168.0.1　//设置内部 IP 地址 192.168.0.1 的主机在访问外网时先被翻译成 61.131.24.241 这个公网 IP 地址，也可以认为 static 命令创建了内部 IP 地址 192.168.0.1 和外部 IP 地址 61.131.24.241 之间的静态映射

Firewall(config)#static (dmz, outside) 220.161.246.13 172.16.0.2　//设置停火区（DMZ）IP 地址 172.16.0.2 在访问外网时先被翻译成 220.161.246.13 这个公网 IP 地址

（6）配置 DHCP 服务器

命令作用：在内部网络，为了维护的集中管理和充分利用有限 IP 地址，都会启用动态主机分配 IP 地址服务器（DHCP Server）。Cisco Firewall PIX 具有这种功能，可以让客户端自动从 DHCP 服务端的 IP 地址池中分配到一个 IP 地址。

下面简单的配置 DHCP Server，假设地址池为 192.168.1.100~192.168.168.1.200，主 DNS 为 202.96.128.68，备用 DNS 为 202.96.144.47，主域名称为 abc.com.cn。

Pix525(config)#ip address dhcp
Pix525(config)#dhcpd address 192.168.1.100-192.168.1.200 inside

Pix525(config)#dhcp dns 202.96.128.68 202.96.144.47
Pix525(config)#dhcp domain abc.com.cn

（7）配置远程访问

命令格式：telnet ip_address [netmask] [if_name]

命令作用：供远程用户使用 telnet 登录 PIX 防火墙进行配置。因为，默认情况下 PIX 防火墙的以太网端口是不允许 telnet 的，这一点与路由器不同。但是一旦 Inside 端口配置成 telnet 就能够使用，但是 Outside 端口还要对其安全方面进行配置，方可使用。

参数说明：ip_address 是指定用于 telnet 登录的 IP 地址；netmask 为子网掩码，可省略；if_name 指定用于 telnet 登录的接口，通常不指定，则表示此 IP 地址适用于所有端口。如果要清除防火墙上某个端口的 telnet 参数配置，则使用 clear telnet 命令，其格式为 clear telnet [ip_address [netmask] [if_name]]。与 no telnet 功能基本一样，不过 no telnet 是用来删除某接口上的 telnet 配置，命令格式为 no telnet [ip_address [netmask] [if_name]]。

举例：

Pix525(config)#telnet 192.168.1.1 255.255.255.0 inside   //允许内网 IP 地址为 192.168.1.1 的主机以 telnet 方式登录防火墙

测试 telnet：在[开始]→[运行]处输入 telnet 192.168.1.1。

Pix525(config)#telnet 222.20.16.1 255.255.255.0 outside   //允许外网 IP 地址为 222.20.16.1 的主机以 telnet 方式登录防火墙

（8）管道命令的配置

命令格式：conduit   permit|deny protocol global_ip [port] foreign_ip [netmask]

命令作用：由于 static 命令可以让本地 IP 地址和一个全局 IP 地址之间创建一个静态映射，但从外部到内部接口的连接仍然会被 PIX 防火墙的自适应安全算法（ASA）阻挡。所以，conduit 命令用来设置允许数据从低安全级别的接口（Outside）流向具有较高安全级别的接口（Inside），例如允许 Outside 网络用户访问 DMZ 网络中的服务或 Inside 网络中的服务。当外部网络要向内部网络的接口进行连接时，需要 static 和 conduit 这两个命令配合使用，才能建立会话。

参数说明：permit | deny 表示允许或禁止；protocol 指的是连接协议，如 TCP、UDP、ICMP；global_ip 是先前由 global 或 static 命令定义的全局 IP 地址，如果 global_ip 为 0 就用 any 代替，表示所有主机，如果是一台主机时前面加 host 参数；port 指的是服务所作用的端口，如 80 端口表示 WWW 服务，可以用 eq www 或 eq 80 表示，21 端口表示 FTP 服务，可以用 eq ftp 或 eq 21 表示；foreign_ip 表示可以访问 global_ip 的外部 IP 地址，对于任意主机可以用 any 表示，如果是一台主机，就用 host 参数加在 IP 前面；netmask 为 foreign_ip 的子网掩码，用来表示是一台主机或一个网络。

举例：

Firewall(config)#conduit permit tcp host 202.101.98.55 eq www any   //表示允许任何外部主机对全局地址为 202.101.98.55 的这台主机进行 HTTP 访问。WWW 服务属 TCP 协议；host 202.101.98.55 表示特指这一个全局地址的主机；eq www 表示 Web 服务器，也可以使用 eq 80 代替；any 代表外部任何主机

Firewall(config)#conduit deny tcp any eq ftp host 61.133.51.89   //表示拒绝 IP 地址为 61.133.51.89 的这台主机对任何全局 IP 地址进行 FTP 访问

Firewall(config)#conduit permit imcp any any   //表示允许 icmp 消息向内部和外部通过

Firewall(config)#static (inside，outside) 61.131.24.250 192.168.9.25

Firewall(config)#conduit permit tcp host 61.131.24.250 eq www any

上面这个例子说明 static 命令和 conduit 命令的关系。192.168.9.25 是内网的一台 Web 服务器，现在希望外网的用户能够通过 PIX 防火墙来访问 Web 服务器。所以先做 static 静态映

射，先将内网的私有 IP 地址 192.168.9.25 与外网的公有 IP 地址 61.131.24.250 建立映射，然后利用 conduit 命令允许任何外部主机对全局 IP 地址（或称公网 IP 地址）61.131.24.250 进行 HTTP 访问。这两条命令的综合作用相当于使用 static 的端口重定向功能。

（9）配置防火墙日志

日志的作用：配置防火墙日志，可以让网络管理员通过查看日志信息来判断防火墙的运行状态及安全状况。Cisco PIX 防火墙使用同步日志（syslog）来记录所有在防火墙上发生的事件。

提示：配置防火墙日志，一定要确保防火墙的日期及时间的正确，以便网管追踪事件缘由。

命令格式：

```
logging on                          //开启防火墙日志功能，默认为禁止
logging   {option}   [level]        //为相应的终端设置日志等级
```

参数说明：option 指控制台（console）、监控器（monitor）、自适应安全设备管理器（ASDM）、远程同步日志服务器（host）等；Level 为系统日志消息等级，系统日志消息等级为一个数字或字符串。指定的 Level 表示想显示该等级及低于该等级的系统日志消息。例如 Level 为 3，则系统日志显示 0、1、2 和 3 级消息。

Level 等级如下。

0——emergencies：系统不可用消息。

1——alerts：立即采取行动。

2——critical：关键状态。

3——errors：出错消息。

4——warrings：警告消息。

5——notifications：正常但有特殊意义的状态。

6——informational：信息消息。

7——debugging：调试消息和 FTP 命令及 WWW URL 记录。

举例：

配置控制台日志

```
Pix(config)# logging on
Pix(config)#logging console debugging
```

配置监视器日志

```
Pix(config)# logging on
Pix(config)#logging monitor debugging
```

假设远程日志服务器 IP 地址为 61.131.20.24，现要求配置防火墙的日志传到这台服务器：

```
Pix(config)# logging on                        //开启日志功能
Pix(config)# logging trap error                //为 syslog server 设置日志等级
Pix(config)# logging history debugging         //设置 SNMP message 等级
Pix(config)# logging host inside 61.131.20.24  //发送 syslog 信息到远程日志服务器
```

（10）保存配置命令

```
Pix515#write terminal
```

（11）查看配置信息命令

```
Firewall#show interface                //查看端口状态
Firewall#show static                   //查看静态地址映射
Firewall#show ip                       //查看接口 IP 地址
Firewall#show config                   //查看配置信息
```

```
Firewall#show running-config          //显示当前配置信息
Firewall#show cpu usage               //显示 CPU 利用率，排查故障时常用
Firewall#show traffic                 //查看流量
Firewall#show connect count           //查看连接数
Firewall#show mem                      //显示内存
Firewall#show telnet                   //显示当前所有的 telnet 配置
Firewall#show access-list              //查看访问列表规则的排列和选择顺序
Firewall#show firewall                 //显示当前防火墙状态，包括防火墙是否被启用，启用防火墙时
```
是否采用了时间段包过滤及防火墙的一些统计信息

【实训步骤】

以 PIX515 防火墙 7.X 版本的操作系统为例，介绍其配置过程。在配置前先假设 PIX515 防火墙的 ethernet0 接口作为外网接口（命名为 outside），并分配全局 IP 地址为 61.1.1.2；ethernet1 接口作为内网接口（命名为 inside），并分配私有 IP 地址为 192.168.1.1；ethernet2 接口作为 DMZ 接口，并分配私有 IP 地址为 192.168.2.1。内网的私有 IP 地址使用范围为 192.168.1.1～192.168.1.254，子网掩码为 255.255.255.0。防火墙的下一跳路由器地址假设为 61.1.1.1；DMZ 区域中 Web 服务器 IP 地址取 192.168.2.3，FTP 服务器 IP 地址取 192.168.2.4。具体的配置步骤如下。

1. 接口基本配置
```
firewall>en
firewall#hostname pix515
pix515#conf t
pix515(config)#interface ethernet0                //进入防火墙 e0 接口
pix515(config-if)#nameif outside                   //为 e0 接口命名为 outside
pix515(config-if)# security-level 0                //定义 e0 接口的安全级别为 0
pix515(config-if)#speed auto                        //设置 e0 接口为自适应网卡类型
pix515(config-if)#duplex auto                       //设置 e0 接口工作方式为全双工
pix515(config-if)#ip address 61.1.1.2 255.255.255.0  //为 e0 接口分配 IP 地址
pix515(config-if)#no shutdown                       //激活该接口
pix515(config-if)#exit                              //退出该接口配置
pix515(config)#interface ethernet1
pix515(config-if)#nameif inside
pix515(config-if)# security-level 100
pix515(config-if)#speed auto
pix515(config-if)#duplex auto
pix515(config-if)#ip address 192.168.1.1 255.255.255.0
pix515(config-if)#no shutdown
pix515(config-if)#exit
pix515(config)#interface ethernet2
pix515(config-if)#nameif dmz
pix515(config-if)# security-level 50
pix515(config-if)#speed auto
pix515(config-if)#duplex auto
pix515(config-if)#ip address 192.168.2.1 255.255.255.0
pix515(config-if)#no shutdown
pix515(config-if)#exit
```

2. 设置默认路由
```
pix515(config)#route outside 0 0 61.1.1.1    //设置默认路由的下一跳地址为 61.1.1.1
```

3. 配置内部(Inside)网络用户访问外网的规则

pix515(config)#nat (inside) 1 192.168.1.0 255.255.255.0

pix515(config)#global (Outside) 1 interface

//将 nat 所指定的内网私有 IP 地址转换成 Outside 接口的公网地址，从而实现内网主机可以访问 Internet 资源，参数 interface 也可以直接写成公网 IP 地址 61.1.1.2

pix515(config)#global (DMZ) 1 192.168.2.3-92.168.2.4

//将 nat 命令所指定的内网私有 IP 地址转换成 DMZ 区域的私有 IP 地址，以供内网用户访问 DMZ 区域的服务器

4. 发布 DMZ 区域的服务器

pix515(config)#static (dmz,outside)　　61.1.1.3　　192.168.2.3

pix515(config)#static (dmz,outside)　　61.1.1.4　　192.168.2.4

//当外网用户要访问 DMZ 区域的服务器时，首先会访问全局 IP 地址 61.1.1.3 和 61.1.1.4，然后系统将分别映射到 IP 地址为 192.168.2.3、192.168.2.4 这两台内网服务器

pix515(config)#static (inside,dmz) 192.168.1.1 192.168.1.1

//除了以上使用 global 命令让内网用户访问 DMZ 区域服务器外，还可以使用 static 命令。本条命令的作用是当内网主机访问中间区域（DMZ）时，将自己映射成自己来访问服务器，否则内部主机将会映射成地址池中的全局 IP，到外部去找

5. 配置 ACL，允许外部用户访问 DMZ 区域服务器

pix515(config)#access-list e0in permit tcp any host 61.1.1.3 eq www

pix515(config)#access-list e0in permit tcp any host 61.1.1.4 eq ftp

pix515(config)#access-list e0in deny ip any any

pix515(config)#access-group e0in in interface outside

提示：除了使用 ACL 命令外，还可以使用管道命令（conduit）来配置允许外网用户访问内网服务器。

【实训总结】

本实训中，主要介绍了硬件防火墙的基本概念、配置思想、配置模式和配置管理步骤。最后以实际配置案例为例，具体讲述硬件防火墙的初始化配置和管理配置方法。

【思考题】

1. 如何进行实验室机房硬件防火墙的初始化配置？
2. 试画出实验室的网络设备拓扑结构图，并试写出防火墙的配置与管理命令。

参 考 文 献

[1] 谢希仁，陈鸣，张兴元. 计算机网络. 北京：电子工业出版社，1996.

[2] 陈光，张敬芝. 网络操作系统—Windows Server 2003. 北京：高等教育出版社，2008.

[3] 张恒杰，任晓鹏. Windows Server 2008 网络操作系统教程. 北京：中国水利水电出版社，2010.

[4] 冯昊，黄治虎. 交换机/路由器的配置与管理. 北京：清华大学出版社，2009.

[5] 贝塔什. CCSP 自学指南（Cisco 安全 PIX 防火墙 CSPFA）. 第 2 版. 北京：人民邮电出版社，2005.

[6] 李涤非，欧岩亮. 思科网络技术学院教程网络安全基础. 北京：人民邮电出版社，2005.

[7] 杨志姝. Cisco 实用教程. 北京：清华大学出版社，2005.

[8] 胡刚强. Windows Server 2008 案例教程. 北京：机械工业出版社，2011.